Energía geotérmica

Fundamentos, tecnologías y aplicaciones

David Pérez Granados

Energía geotérmica

Fundamentos, tecnologías y aplicaciones

David Pérez Granados

Energía geotérmica. Fundamentos, tecnologías y aplicaciones.

© 2025 David Pérez Granados

Primera edición, 2025

© 2025 MARCOMBO, S. L. www.marcombo.com
Gran Via de les Corts Catalanes 594, 08007 Barcelona
Contacto: info@marcombo.com

Diseño de cubierta: ENEDENÚ DISEÑO GRÁFICO
Maquetación: Reverté, S. L.
Corrección: José López Falcón
Directora de producción: M.ª Rosa Castillo

ISBN: 978-84-267-4032-8
D.L.: B 9630-2025

Impreso en Servicepoint
Printed in Spain

Libro ecológico
Impreso con papel procedente de bosques gestionados de manera eficiente, libre de cloro.

A mi familia

Contenido

Prólogo

Año 2100. La Tierra, exhausta y sofocada por siglos de consumo desmedido, muestra sus heridas en cada uno de sus rincones. Las capas de hielo han retrocedido hasta desaparecer, las olas de calor han desplazado comunidades enteras y el acceso a agua potable es ya un privilegio escaso. En este escenario distópico, las generaciones futuras nos interrogan con una mirada silenciosa: ¿qué calidad de Tierra les hemos heredado? Estamos en 2025 y aún hay tiempo para actuar. Vivimos un momento crucial en la historia de la humanidad; la necesidad de transitar hacia un modelo energético sostenible, resiliente y justo es más urgente que nunca. En este contexto, la energía geotérmica se posiciona como una de las opciones más prometedoras y menos comprendidas del abanico de fuentes renovables.

Este libro nace precisamente con la intención de cerrar esa brecha, acercar al lector al conocimiento científico, tecnológico y aplicado que hace posible aprovechar el calor interno de la Tierra para beneficio de las sociedades humanas.

A lo largo de los capítulos que siguen, el lector podrá adentrarse en los fundamentos físicos que explican el origen del calor terrestre, la dinámica de los reservorios geotérmicos, las técnicas de exploración, perforación y caracterización de yacimientos, así como en las tecnologías de conversión energética, desde los sistemas de ciclo seco hasta los ciclos binarios y los sistemas geotérmicos mejorados (EGS). Además, se abordan los usos directos del calor, las bombas de calor geotérmicas, y se examina el papel que esta fuente puede jugar en la transición hacia una matriz energética baja en carbono.

Este texto no pretende ser una recopilación enciclopédica ni una guía meramente técnica; más bien busca ser un puente entre la teoría y la aplicación, entre la ciencia y la ingeniería, entre el conocimiento académico y la toma de decisiones informadas. Está dirigido tanto a estudiantes como a profesionales, planificadores energéticos, investigadores y ciudadanos curiosos que deseen comprender y participar activamente en la construcción de un futuro energético más limpio, eficiente y equitativo.

El conocimiento aquí compartido ha sido fruto de años de investigación, colaboración interdisciplinaria y pasión por la energía renovable. Espero que estas páginas sirvan como una herramienta valiosa, una fuente de inspiración y un llamado a la acción en favor de una tecnología que, aunque silenciosa, tiene el poder de transformar el mundo desde sus cimientos más profundos.

El autor

Agradecimientos

Quiero expresar mi más sincero agradecimiento a todo el equipo editorial de Marcombo por su confianza, apoyo y profesionalismo a lo largo de este proyecto. Su acompañamiento cercano y compromiso con la excelencia han sido fundamentales para que esta obra llegue a las manos del lector. Gracias por creer en esta visión energética y por hacer posible su difusión con rigor y pasión.

CAPÍTULO 1
Introducción a la energía geotérmica

1.1. Introducción a la energía geotérmica

La energía geotérmica representa una de las fuentes renovables más prometedoras y versátiles en el panorama energético actual. Su aprovechamiento permite obtener calor del interior de la Tierra con una disponibilidad constante y una mínima emisión de gases de efecto invernadero. A diferencia de otras fuentes renovables, como la solar y la eólica, la geotermia no depende de factores climáticos o variaciones estacionales, lo que la convierte en una alternativa confiable para la generación de electricidad y calefacción. En este capítulo se explorarán sus fundamentos físicos, los distintos tipos de reservorios existentes y el ciclo de vida de este recurso energético. Se proporcionará un marco teórico sólido para su comprensión y aplicación en diversas escalas de uso.

1.2. ¿Qué es la energía geotérmica?

La energía geotérmica es una fuente de energía renovable que aprovecha el calor almacenado en el interior de la Tierra para generar electricidad y proporcionar calefacción. Su nombre proviene del griego *geo* (Tierra) y *thermos* (calor), lo que refleja su origen natural. Este calor se produce por la desintegración radiactiva de elementos como el uranio, el torio y el potasio en el manto terrestre, así como por el calor residual del proceso de formación del planeta.

Figura 1.1. Planta geotérmica de Nesjavellir, Islandia.

A diferencia de otras fuentes de calor terrestre, la energía geotérmica se caracteriza por su estabilidad y disponibilidad continua. Esto la diferencia de la energía solar y eólica, las cuales dependen de factores climáticos. La geotermia permite una generación constante de electricidad, lo que la convierte en una alternativa confiable dentro de la matriz energética mundial.

Fuente de calor	Origen	Estabilidad
Energía geotérmica	Desintegración radiactiva y calor residual	Alta
Energía solar	Radiación del sol	Baja (dependiente del clima)
Energía nuclear	Fisión de átomos de uranio	Media

Tabla 1. Comparación entre fuentes de calor terrestre

Nota clave: A diferencia de la energía solar y eólica, la geotermia no depende de la variabilidad climática, lo que la hace una fuente confiable de energía base.

1.2.1. Antecedentes y diferenciación conceptual

1.2.1.1.   Origen del término *geotermia*

El concepto de energía geotérmica se fundamenta en la observación de fenómenos naturales como los géiseres, las fumarolas y las fuentes termales, manifestaciones del calor interno de la Tierra que han sido aprovechadas desde tiempos ancestrales. Las civilizaciones antiguas supieron utilizar este recurso de diversas maneras: en China, se construyeron baños termales con propiedades terapéuticas; en Roma, se implementaron sistemas de calefacción subterráneos en edificaciones; y en Grecia, las aguas termales fueron empleadas con fines medicinales. Sin embargo, la comprensión científica de la geotermia avanzó significativamente en el siglo XIX, cuando los estudios sobre el gradiente térmico terrestre y la conducción de calor permitieron su conceptualización como fuente energética viable. A partir de entonces, se iniciaron investigaciones sobre su aplicación en la generación de electricidad, lo que sentó las bases para el desarrollo tecnológico actual.

1.2.1.2.   Diferencia entre energía geotérmica y otras fuentes de calor terrestre

A diferencia de otras fuentes de calor terrestre, como la actividad volcánica o la radioactividad superficial, que presentan variabilidad e incertidumbre en su disponibilidad, la energía geotérmica se caracteriza por su estabilidad térmica y su capacidad de explotación sostenible. Su aprovechamiento se fundamenta en la perforación de la corteza terrestre para acceder a reservorios subterráneos de agua o vapor caliente. Estos fluidos, al ascender, transfieren su energía térmica a intercambiadores de calor o turbinas de generación eléctrica, lo que permite una conversión eficiente del calor en electricidad o calefacción.

Este proceso se diferencia por su continuidad operativa, ya que minimiza la influencia de factores climáticos y ofrece una producción energética predecible. Además, la planificación de proyectos geotérmicos requiere estudios geofísicos avanzados para determinar la viabilidad del reservorio y aplicar tecnologías que garanticen su sostenibilidad a largo plazo, lo cual reduce el riesgo de agotamiento térmico y optimiza su eficiencia en la generación energética.

> **Nota clave:** el aprovechamiento geotérmico requiere tecnologías avanzadas para garantizar la sostenibilidad del recurso y evitar la degradación del reservorio térmico.

1.2.1.3.   Características distintivas de la energía geotérmica

- **Renovabilidad:** aunque el calor terrestre se disipa con el tiempo, la recarga natural y artificial de los reservorios permite su uso prolongado.
- **Baja emisión de CO_2:** su impacto ambiental es menor, en comparación con los combustibles fósiles.
- **Uso dual:** puede emplearse para generación eléctrica y aplicaciones térmicas directas.
- **Requiere infraestructura especializada:** la exploración y perforación inicial pueden implicar costes elevados.

El desarrollo de la energía geotérmica ha permitido la creación de tecnologías como los sistemas mejorados de geotermia (EGS), que amplían su aplicabilidad en regiones con baja permeabilidad del suelo. Su potencial de crecimiento es significativo, especialmente en zonas con alta actividad geotérmica, como el Cinturón de Fuego del Pacífico.

Además de su estabilidad térmica y sostenibilidad, la energía geotérmica presenta ventajas estratégicas en la diversificación de la matriz energética de los países. Su capacidad de generación constante permite reducir la dependencia de combustibles fósiles y mejorar la seguridad energética, especialmente en regiones con acceso limitado a otras fuentes renovables. Asimismo, el desarrollo de proyectos geotérmicos puede fomentar la innovación tecnológica en exploración y extracción de calor, y promover un crecimiento más eficiente y sostenible en el sector energético.

Fuente de energía	Disponibilidad	Emisiones de CO_2
Geotérmica	Alta	Baja
Solar	Intermitente	Nula
Eólica	Intermitente	Nula

Tabla 2. Comparación entre energías renovables.

Nota clave: la energía geotérmica, al ser una fuente base, complementa la variabilidad de la energía solar y eólica, lo cual mejora la estabilidad del suministro eléctrico.

1.2.2. Fundamentos físicos y termodinámicos

La energía geotérmica se fundamenta en principios físicos y termodinámicos que explican el flujo de calor en el interior de la Tierra. La principal fuente de esta energía proviene del gradiente geotérmico, que es el aumento de temperatura a medida que se profundiza en la corteza terrestre. En promedio, este gradiente varía entre 25 y 30 °C por kilómetro de profundidad, aunque en zonas volcánicas o tectónicamente activas puede ser significativamente mayor.

1.2.2.1. Gradiente geotérmico y flujo de calor terrestre

El gradiente geotérmico es resultado del calor residual de la formación planetaria y de la desintegración radiactiva de elementos como el uranio, el torio y el potasio en el manto terrestre. El flujo de calor terrestre se produce a través de distintos mecanismos que determinan la eficiencia de transferencia térmica desde el interior hacia la superficie.

Tipo de entorno	Gradiente geotérmico (°C/km)	Ejemplo geográfico
Corteza continental estable	25-30	Europa Occidental
Región volcánica activa	80-150	Islandia, Cinturón de Fuego del Pacífico
Plataforma oceánica joven	50-100	Dorsal mesoatlántica

Tabla 3. Comparación del gradiente geotérmico en distintos entornos geológicos.

> **Nota clave**: el gradiente geotérmico no es uniforme y depende de la actividad geotectónica y la composición de la litosfera.

1.2.2.2. Mecanismos de transmisión del calor en la Tierra

El calor se propaga desde el interior terrestre a la superficie mediante tres mecanismos fundamentales:

- **Conducción**: es el mecanismo dominante en la corteza terrestre, donde el calor se transfiere a través de la materia sólida sin desplazamiento de material. La conductividad térmica de las rocas influye directamente en la eficiencia del proceso.
- **Convección:** se presenta en reservorios geotérmicos donde los fluidos calientes ascienden, transportando con ello energía térmica. Este fenómeno es clave en los sistemas hidrotermales.
- **Radiación:** si bien la radiación térmica es un mecanismo principal en la transferencia de calor en el espacio, su influencia en la geotermia terrestre es mínima.

Mecanismo	Medio de propagación	Ejemplo en geotermia
Conducción	Rocas sólidas	Gradiente geotérmico en la corteza
Convección	Fluidos	Movimiento en reservorios hidrotermales
Radiación	Vacío o gases	Transferencia en la atmósfera

Tabla 4. Mecanismos de transferencia de calor.

> **Nota clave:** la convección es el principal mecanismo de transferencia de calor en sistemas geotérmicos activos, pues permite la acumulación de fluidos calientes explotables.

1.2.2.3. Relación entre temperatura y profundidad

La temperatura en el subsuelo se incrementa conforme se profundiza, pero la magnitud de este aumento varía según la composición de las capas geológicas y la intensidad de la actividad tectónica en la región. En áreas con alta actividad magmática, la proximidad del magma eleva significativamente las temperaturas a niveles superficiales, lo que permite la formación de reservorios geotérmicos accesibles. Esto reduce la necesidad de perforaciones profundas, lo que optimiza los costes y mejora la viabilidad económica de los proyectos de explotación.

En una exploración geotérmica, la relación temperatura-profundidad se determina a través de estudios geofísicos avanzados, como la tomografía sísmica y la magnetotelúrica, que permiten modelar la estructura del subsuelo y predecir zonas de alta actividad térmica. Las perforaciones exploratorias son cruciales para validar estos modelos y obtener datos directos sobre la temperatura y la permeabilidad de los reservorios. En regiones con condiciones geológicas favorables, es posible encontrar temperaturas superiores a 200 °C a menos de 2 km de profundidad, lo que facilita el desarrollo de proyectos geotérmicos con tecnologías eficientes como las plantas de ciclo binario o *flash,* que optimizan la conversión del calor en electricidad con menores pérdidas energéticas.

> **Nota clave:** la viabilidad de un proyecto geotérmico depende en gran medida de la profundidad a la que se encuentre el reservorio y la capacidad del sistema para mantener la transferencia de calor a lo largo del tiempo.

1.2.3. Fuentes y reservorios geotérmicos

La energía geotérmica se acumula en reservorios subterráneos donde el calor interno de la Tierra se transmite a fluidos geotérmicos a través de procesos de conducción y convección. Estos reservorios pueden clasificarse en función de su origen geológico, la profundidad a la que se encuentran y la capacidad del subsuelo para mantener la transferencia térmica de manera eficiente. La explotación de estos recursos depende de la permeabilidad de la roca y la disponibilidad de los fluidos que actúan como medio de transporte del calor.

1.2.3.1. Tipos de sistemas geotérmicos

Los sistemas geotérmicos se clasifican en cuatro categorías principales, diferenciadas por su temperatura, profundidad, permeabilidad del subsuelo y eficiencia en la producción energética. La viabilidad de su explotación depende de factores como la presencia de fluidos geotérmicos, la composición de la roca y las tecnologías aplicables para su aprovechamiento.

- **Sistemas hidrotermales:** son los más explotados comercialmente. Contienen agua o vapor a temperaturas elevadas. Se encuentran en regiones con actividad volcánica y fallas geológicas activas.
- **Sistemas geopresurizados:** contienen agua a alta presión en formaciones sedimentarias profundas. Presentan desafíos técnicos, debido a la alta salinidad de los fluidos y la presión extrema.
- **Sistemas magmáticos:** ubicados cerca de cámaras magmáticas activas, donde el calor se encuentra a temperaturas

extremadamente altas. Son difíciles de explotar debido a la naturaleza rocosa y la presencia de magma.

- **Sistemas mejorados o EGS** *(Enhanced Geothermal Systems):* se desarrollan en formaciones rocosas secas con baja permeabilidad. Se inyecta agua para generar un circuito cerrado que permita extraer el calor.

Tipo de sistema	Temperatura (°C)	Profundidad (km)	Aplicaciones
Hidrotermal	150-350	1-5	Generación eléctrica, calefacción
Geopresurizado	90-200	2-6	Producción de calor, energía térmica
Magmático	500+	5-10	Futuras aplicaciones experimentales
EGS	100-300	3-10	Generación eléctrica, experimentación

Tabla 5. Características de los sistemas geotérmicos.

Nota clave: los sistemas EGS son una alternativa prometedora para regiones sin actividad geotérmica superficial, amplían el potencial de esta fuente de energía.

1.2.3.2. Composición de los fluidos geotérmicos y su interacción con el entorno

Los fluidos geotérmicos contienen una combinación de agua, gases disueltos y compuestos minerales cuya composición varía según la geología del reservorio. Entre los elementos más comunes se encuentran el sílice, los carbonatos y los sulfatos, los cuales pueden formar depósitos en las tuberías y afectar la eficiencia de los intercambiadores de calor. Además, estos fluidos pueden contener gases como CO_2 y H_2S, que requieren procesos de tratamiento para prevenir la corrosión y minimizar el impacto ambiental. La presencia de metales pesados y otros contaminantes también puede condicionar la elección de materiales en la infraestructura de extracción y el tratamiento posterior de los fluidos para evitar su liberación al medio ambiente.

Nota clave: la presencia de gases como CO_2 y H_2S requiere tratamientos adecuados para evitar la corrosión de tuberías y reducir emisiones ambientales.

1.2.3.3. Diferencias entre yacimientos de alta, media y baja temperatura

Los yacimientos geotérmicos se categorizan en función de la temperatura del fluido y su potencial de aprovechamiento, lo que determina sus aplicaciones en generación eléctrica, calefacción o procesos industriales.

- **Alta temperatura (>150°C):** se utilizan para generar electricidad mediante turbinas de vapor.
- **Media temperatura (90-150°C):** aplicables en plantas de ciclo binario y procesos industriales.
- **Baja temperatura (<90°C):** adecuados para calefacción urbana, invernaderos y sistemas de climatización.

Tipo de yacimiento	Temperatura (°C)	Usos principales
Alta temperatura	>150	Generación eléctrica
Media temperatura	90-150	Industria, ciclo binario
Baja temperatura	<90	Calefacción, agricultura

Tabla 6. Usos de los yacimientos geotérmicos por temperatura.

> **Nota clave:** la eficiencia de conversión de la energía geotérmica en electricidad depende directamente de la temperatura del fluido extraído.

Los reservorios geotérmicos son esenciales para el desarrollo y sostenibilidad de la energía geotérmica, ya que su explotación debe balancear la extracción de calor con la recarga natural o artificial de los fluidos geotérmicos. La gestión eficiente de estos reservorios implica el monitoreo constante de la temperatura, la presión y la química de los fluidos para evitar su agotamiento prematuro. Además, la implementación de tecnologías avanzadas, como los sistemas mejorados de geotermia (EGS), permite maximizar la eficiencia de extracción en las formaciones de baja permeabilidad, lo cual asegura un aprovechamiento prolongado y estable del recurso energético.

1.3. Historia y evolución del aprovechamiento geotérmico

Desde tiempos antiguos, las civilizaciones han reconocido el potencial del calor terrestre, integrándolo en su vida cotidiana para propósitos terapéuticos, domésticos y energéticos, lo que ha sentado las bases para su evolución tecnológica. Las primeras evidencias del uso de la energía geotérmica se remontan a civilizaciones antiguas, que supieron reconocer las ventajas del calor subterráneo.

Figura 1.2. Baños termales de Saturnia en Toscana, Italia.

Entre las primeras culturas en adoptar el uso sistemático de fuentes geotérmicas destacan las civilizaciones china, romana y griega, quienes incorporaron este recurso en múltiples aspectos de su vida cotidiana. En China, existen registros de más de 3000 años de antigüedad que documentan el empleo de aguas termales con fines terapéuticos y ceremoniales, lo que refleja una comprensión temprana de sus beneficios para la salud. La Antigua Roma llevó esta aplicación un paso más allá, al establecer una infraestructura urbana basada en la geotermia: las termas romanas no solo eran espacios de recreación y aseo, sino que también permitieron el desarrollo de los primeros sistemas de calefacción centralizada, como los hipocaustos, que distribuían el calor de manera eficiente bajo los pisos de los edificios. En Grecia, las aguas termales adquirieron un carácter más simbólico y religioso, utilizadas en templos dedicados a dioses sanadores y en rituales de purificación. Esta variedad de aplicaciones demuestra cómo las civilizaciones antiguas no solo aprovecharon el calor terrestre de manera pragmática, sino que también le otorgaron un significado cultural y social, lo que sentó las bases para su evolución futura.

> **Nota clave:** la aplicación del calor geotérmico en la arquitectura romana dio origen a los primeros sistemas de calefacción centralizada.

Las sociedades antiguas expandieron el uso de la energía geotérmica más allá de los baños termales y desarrollaron aplicaciones innovadoras para cubrir necesidades diarias de manera eficiente y sostenible. En Islandia, los colonos vikingos utilizaron los manantiales calientes no solo para el bienestar personal, sino también como fuente de calor constante para cocinar alimentos y mantener sus viviendas templadas durante los inviernos extremos. Este conocimiento rebasó las fronteras y se replicó en otras regiones volcánicas como Japón y Nueva Zelanda, donde las aguas termales adquirieron un papel fundamental en la organización social y económica de las comunidades locales. Su uso se diversificó y se aplicó en prácticas culinarias tradicionales, sistemas de calefacción rudimentarios y rituales con valor espiritual. Estas aplicaciones tempranas evidencian la capacidad de las sociedades preindustriales para aprovechar el entorno natural de manera sostenible y efectiva.

En el caso de la cocción de alimentos, los maoríes de Nueva Zelanda desarrollaron una técnica conocida como *hangi*, que consistía en cavar hoyos en el suelo geotérmicamente activo y colocar alimentos envueltos en hojas para cocinarlos lentamente con el calor natural. Este método no solo era eficiente desde el punto de vista energético, sino que también permitía conservar los nutrientes de los alimentos, algo que hoy en día se valora en las técnicas de cocción sostenible.

Figura 1.3. Técnica de cocción *hangi*.

La calefacción natural también fue una aplicación común en regiones con actividad geotérmica. En la Edad Media, los monasterios europeos ubicados cerca de manantiales termales utilizaban el calor geotérmico para calentar sus edificios y cultivar plantas en invernaderos durante el invierno. Estas prácticas, aunque rudimentarias, sentaron las bases para el desarrollo de sistemas de calefacción geotérmica modernos, que hoy se utilizan en hogares y edificios comerciales en todo el mundo.

Civilización	Región	Aplicación principal	Característica relevante
China	Asia	Baños termales terapéuticos	Usos medicinales y rituales

Roma	Europa	Termas y calefacción urbana	Ingeniería hidráulica avanzada
Grecia	Europa	Baños termales y purificación	Vínculo con la religión y la salud
Islandia	Europa	Calefacción y cocción	Aprovechamiento en climas extremos

Tabla 7. Usos de la geotermia en las civilizaciones antiguas.

> **Nota clave:** el aprovechamiento de la geotermia en Islandia representa uno de los ejemplos más tempranos de calefacción urbana basada en recursos renovables.

Con el avance de las sociedades, el conocimiento sobre la energía geotérmica evolucionó de una práctica empírica a una estrategia planificada, integrándose progresivamente en la infraestructura urbana y en sistemas de calefacción más sofisticados. Durante la Edad Media, las aguas termales continuaron siendo utilizadas por las monarquías europeas. En la cultura islámica se desarrollaron sofisticados baños públicos. En el Renacimiento, la sistematización del conocimiento permitió avances en la comprensión del fenómeno geotérmico, lo que sentó las bases para su explotación industrial siglos después.

> **Nota clave:** los primeros estudios sobre la temperatura del subsuelo y su potencial energético surgen en el Renacimiento, lo cual preparó el camino para la geotermia moderna.

Con el paso de los siglos, el conocimiento acumulado sobre el calor terrestre propició que durante la Revolución Industrial surgieran los primeros intentos de extraer y aprovechar la energía geotérmica a gran escala con fines energéticos. Este periodo marcó el inicio de su explotación a gran escala y abrió nuevas posibilidades para su aprovechamiento. La creciente demanda de fuentes energéticas confiables impulsó el desarrollo de técnicas más avanzadas, estableciendo los cimientos para la generación de electricidad a partir del calor del subsuelo y la posterior optimización de las tecnologías geotérmicas.

1.4. El nacimiento de la energía geotérmica moderna

El desarrollo de la energía geotérmica moderna tiene sus orígenes en el siglo XIX, cuando la humanidad comenzó a experimentar con la generación de electricidad a partir del calor terrestre. Aunque el uso de fuentes geotérmicas ya estaba presente en la antigüedad, su aplicación para la producción de energía eléctrica marcó un punto de inflexión en la historia de este recurso.

El hito más relevante en este campo ocurrió en 1904 en Larderello, Italia, cuando el científico Piero Ginori Conti logró accionar con éxito un generador eléctrico mediante vapor geotérmico. Este experimento demostró que el calor proveniente del interior de la Tierra podía convertirse en electricidad de manera eficiente. Esto abrió la puerta a un nuevo paradigma en la producción de energía renovable.

El éxito de Larderello incentivó el desarrollo de plantas geotérmicas a nivel industrial. En 1913, se inauguró la primera planta comercial en la misma región italiana, estableciendo un modelo para futuras instalaciones. La planta operaba con un sistema de ciclo de vapor seco, en el cual el vapor de los reservorios geotérmicos se utilizaba directamente para accionar turbinas y generar electricidad.

Con el tiempo, la tecnología geotérmica evolucionó hacia el desarrollo de plantas de ciclo *flash* y ciclo binario. Las primeras permiten la extracción de líquidos geotérmicos a alta temperatura que, al reducir su presión, se convierten en vapor y accionan turbinas. Por otro lado, las plantas de ciclo binario emplean fluidos intermedios con puntos de ebullición bajos para optimizar la generación eléctrica en reservorios de temperatura media o baja.

Tipo de planta	Características principales	Aplicaciones
Ciclo de vapor seco	Utiliza directamente el vapor de yacimientos geotérmicos para accionar turbinas.	Yacimientos de alta temperatura
Ciclo *flash*	Extrae líquidos geotérmicos a alta presión y los convierte en vapor por reducción de presión.	Reservorios de temperatura media y alta
Ciclo binario	Emplea un fluido secundario para transferir el calor y generar electricidad.	Aprovechamiento de temperaturas medias y bajas

Tabla 8. Evolución de las plantas geotérmicas.

El éxito de las primeras plantas geotérmicas atrajo la atención de varios países interesados en diversificar su matriz energética. Durante la década de 1950, se desarrollaron proyectos en los Estados Unidos, México, Japón y Nueva Zelanda. En 1958, Nueva Zelanda inauguró la planta de Wairakei, que se convirtió en la primera instalación en utilizar la tecnología de ciclo *flash*. Poco después, en 1970, los Estados Unidos consolidaron su liderazgo con el desarrollo del campo geotérmico de The Geysers en California, que hasta hoy sigue siendo uno de los más grandes del mundo.

El crecimiento de la energía geotérmica estuvo impulsado por la crisis del petróleo de los años 70, lo que generó un renovado interés en fuentes energéticas sostenibles. A partir de entonces, los avances en exploración y perforación permitieron expandir la generación geotérmica a nuevas regiones, incluidas Islandia, Filipinas e Indonesia. La existencia de volcanes en estos países favorece la presencia de reservorios geotérmicos abundantes.

> **Nota clave:** la crisis del petróleo de los años 70 impulsó la investigación y aplicación de la energía geotérmica a nivel global, consolidándola como una alternativa confiable a los combustibles fósiles.

El progreso en tecnologías de exploración ha permitido la identificación de nuevos reservorios geotérmicos con alto potencial energético. La introducción de sistemas geotérmicos mejorados (EGS, por sus siglas en inglés) representa un avance significativo, ya que permite la extracción de calor en formaciones rocosas sin suficiente permeabilidad natural.

Actualmente, la energía geotérmica se considera una pieza clave en la transición hacia un modelo energético sustentable. Su capacidad para proporcionar electricidad de base, su baja emisión de carbono y su disponibilidad constante la convierten en una opción viable para reducir la dependencia de combustibles fósiles. Con el desarrollo de nuevas tecnologías y la expansión de la infraestructura geotérmica, su participación en la matriz energética global seguirá en aumento.

> **Nota clave:** la evolución de la energía geotérmica ha sido impulsada por la innovación tecnológica, que permite su aplicación en un mayor número de regiones y con mayor eficiencia.

1.5. Importancia en la transición energética y la mitigación del cambio climático

La energía geotérmica desempeña un papel estratégico dentro de la matriz de transición energética global, debido a su capacidad para proporcionar electricidad y calor de base con baja huella de carbono. A diferencia de las fuentes intermitentes, como la solar fotovoltaica o la eólica, la geotermia ofrece una producción constante e independiente de las condiciones climáticas, lo cual le confiere un valor esencial en la estabilidad y seguridad del suministro. Su adopción se alinea con los compromisos multilaterales de descarbonización establecidos en el Acuerdo de París y en los Objetivos de Desarrollo Sostenible (ODS), consolidándose como una tecnología de soporte en el cumplimiento de metas ambientales.

Figura 1.4. Una de las finalidades de los Objetivos del Desarrollo Sostenible es disminuir los gases de efecto invernadero.

Desde una perspectiva comparativa, las plantas geotérmicas emiten significativamente menos gases de efecto invernadero que las centrales térmicas convencionales. Mientras que una planta de carbón puede emitir entre 820 y 1050 gCO_2eq/kWh, las instalaciones geotérmicas emiten menos de 50 gCO_2eq/kWh, incluso considerando procesos indirectos como la perforación y el mantenimiento. Este diferencial cuantitativo posiciona a la geotermia como una tecnología viable para reemplazar a las fuentes más contaminantes, en especial en zonas con acceso directo a reservorios geotérmicos.

Fuente de energía	Emisiones (gCO$_2$eq/kWh)
Carbón	820 - 1050
Gas natural	450 - 500
Geotérmica	6 - 45
Eólica	3 - 12
Solar fotovoltaica	20 - 70
Hidroeléctrica	4 - 18

Tabla 9. Emisiones comparadas por fuente de energía (gCO$_2$eq/kWh).

> **Nota clave:** la energía geotérmica es la única fuente renovable firme que combina baja huella de carbono con alta disponibilidad y predictibilidad operativa.

Otro aspecto relevante es la contribución de la energía geotérmica a la generación distribuida, particularmente en las zonas rurales o aisladas. Las microcentrales geotérmicas, aunque a menor escala, permiten el desarrollo de sistemas energéticos locales autónomos, lo que reduce la dependencia de redes de transmisión y mejora la resiliencia ante eventos climáticos extremos. Esto se traduce en beneficios tanto ambientales como sociales, al garantizar acceso energético confiable en regiones marginadas.

En el ámbito de la seguridad energética, la geotermia reduce la vulnerabilidad de los países ante la volatilidad de los mercados internacionales de combustibles. Al tratarse de un recurso endógeno, su explotación minimiza la necesidad de importaciones energéticas, lo cual fortalece la soberanía energética y la estabilidad macroeconómica de los Estados. Este factor es particularmente crítico para las economías emergentes que destinan gran parte de su presupuesto a la importación de hidrocarburos.

En cuanto a la integración con los ODS, la energía geotérmica contribuye de manera directa al ODS 7 (energía asequible y no contaminante), al ODS 13 (acción por el clima) y al ODS 9 (industria, innovación e infraestructura). Además, al reducir la pobreza energética y facilitar el acceso a electricidad en regiones vulnerables, se generan sinergias con otros objetivos, como salud (ODS 3) y educación (ODS 4).

> **Nota clave:** la geotermia es una tecnología transversal en el cumplimiento de múltiples objetivos globales de sostenibilidad.

El potencial de la energía geotérmica en economías emergentes es particularmente prometedor. En regiones con actividad volcánica activa, como América Central, el Rift africano o el Cinturón de Fuego del Pacífico, se presentan condiciones geológicas óptimas para el desarrollo geotérmico. Hay proyectos en países como Kenia, El Salvador o Filipinas que demuestran que la geotermia puede cubrir hasta un 30% de la demanda eléctrica nacional, impulsando al mismo tiempo el desarrollo local y la reducción de desigualdades energéticas.

Es importante destacar que, además de la generación eléctrica, la energía geotérmica tiene aplicaciones directas en calefacción de distritos, procesos industriales, secado de productos agrícolas y climatización de invernaderos. Estas aplicaciones diversifican la matriz energética y reducen la dependencia de combustibles fósiles también en sectores no eléctricos, ampliando su impacto en la transición global hacia un modelo energético sustentable.

> **Nota clave:** el uso directo del calor geotérmico multiplica los beneficios ambientales y económicos, al sustituir combustibles en sectores industriales y residenciales.

Finalmente, desde una perspectiva prospectiva, la combinación de energía geotérmica con otras tecnologías, como bombas de calor, almacenamiento térmico y redes inteligentes, permitirá un aprovechamiento más eficiente y flexible del recurso. Esto favorecerá la integración regional de sistemas energéticos resilientes, bajos en carbono y orientados a la equidad en el acceso, lo cual es uno de los pilares fundamentales de la transición energética global.

1.6. Beneficios y desafíos del uso de la energía geotérmica

La energía geotérmica representa una alternativa estratégica dentro de los esquemas de transición energética, debido a su potencial multifacético para generar beneficios ambientales, económicos y sociales. Su carácter renovable, firme y de baja emisión de carbono permite posicionarla como una fuente complementaria a otras tecnologías más intermitentes. No obstante, su adopción no está exenta de retos, los cuales incluyen limitaciones inherentes a la exploración, incertidumbres geológicas y barreras sociales vinculadas a la percepción pública. Esta sección analiza estos elementos desde un enfoque integrador, evaluando cómo las ventajas y restricciones interactúan en función del entorno físico, la estructura socioeconómica y las políticas de desarrollo energético. El objetivo es ofrecer una visión crítica que permita comprender su rol sistémico dentro de las matrices energéticas contemporáneas. Destacan tanto sus contribuciones como los factores condicionantes de su despliegue a gran escala.

1.6.1. Beneficios ambientales

La energía geotérmica presenta una huella ecológica considerablemente más baja en comparación con tecnologías energéticas basadas en combustibles fósiles, principalmente debido a sus reducidas emisiones de gases de efecto invernadero (GEI) durante las fases operativas. Este atributo la posiciona como una opción estratégica para mitigar el cambio climático, particularmente en contextos donde la descarbonización de las matrices energéticas es prioritaria. Adicionalmente, el diseño compacto de las instalaciones geotérmicas permite una ocupación espacial significativamente menor en relación con fuentes renovables como la solar fotovoltaica o la eólica, cuyos requerimientos de superficie pueden alterar de forma más sustancial hábitats naturales. En consecuencia, la presión ecológica sobre ecosistemas sensibles se ve atenuada, lo que convierte a la geotermia en una aliada clave en territorios con alta densidad biológica o usos del suelo restringidos.

Fuente de energía	emisiones de GEI (gCO_2/kWh)	Requiere gran superficie	Perturbación del ecosistema
Geotérmica	6 - 45	Baja	Moderada
Solar fotovoltaica	20 - 70	Alta	Alta
Eólica	3 - 12	Alta	Media
Carbón	820 - 1050	Media	Alta

Tabla 10. Comparación del impacto ambiental entre las fuentes de energía.

> **Nota clave:** la geotermia es una fuente firme de energía con emisiones reducidas y un uso eficiente del espacio territorial.

1.6.2. Beneficios económicos y sociales

Desde la perspectiva económica, la energía geotérmica promueve la creación de empleo cualificado en fases críticas como la prospección geológica, la perforación profunda, la gestión térmica de pozos y el mantenimiento de infraestructuras energéticas. Estas ocupaciones no solo son bien remuneradas, sino que también estimulan la transferencia de conocimiento y el fortalecimiento de competencias técnicas locales. En el plano social, los proyectos geotérmicos pueden convertirse en catalizadores de desarrollo regional, promoviendo encadenamientos productivos, inversión en infraestructura básica y recaudación tributaria mediante licencias, concesiones y regalías. Además, su carácter descentralizado facilita el acceso equitativo a la energía en zonas rurales o marginadas, reforzando así la cohesión territorial. Cabe destacar que, en contextos con marcos normativos estables, la implementación de estas tecnologías tiende a atraer inversión privada y cooperación internacional, lo cual eleva el perfil energético de la región. Esta sinergia entre impacto económico y beneficio social posiciona a la geotermia como un componente estratégico dentro de las políticas de desarrollo sostenible.

> **Nota clave:** los proyectos geotérmicos bien gestionados pueden fortalecer el tejido social y la economía de comunidades cercanas a los sitios de explotación.

1.6.3. Desafíos técnicos y operativos

Uno de los principales desafíos técnicos asociados al aprovechamiento de la geotermia radica en la caracterización precisa de los reservorios, proceso que involucra el uso de tecnologías avanzadas, como la tomografía sísmica tridimensional, la interpretación magnetotelúrica y el modelado geológico-hidrotermal. Esta fase inicial resulta crítica, ya que define las condiciones de permeabilidad, presión y temperatura del subsuelo, parámetros que determinan la factibilidad técnica del proyecto. La alta heterogeneidad de los sistemas geotérmicos, combinada con la limitada disponibilidad de datos directos en profundidad, genera una incertidumbre geológica significativa, lo que incrementa el riesgo exploratorio y afecta a la rentabilidad financiera. Además, la calidad del recurso puede variar en el espacio y el tiempo, y es necesario integrar técnicas de monitoreo en tiempo real para evitar caídas abruptas en la productividad. La sobreexplotación sin un adecuado control de extracción y reinyección puede conducir a una pérdida progresiva de presión en el reservorio, lo cual reduciría drásticamente su vida útil y comprometería la sostenibilidad del sistema. Por esta razón, se requiere una gestión adaptativa basada en modelos numéricos acoplados de flujo térmico y mecánico que permitan simular escenarios de explotación prolongada.

> **Nota clave:** la eficiencia y longevidad de un sistema geotérmico dependen de la capacidad de integrar ciencia geológica, ingeniería de reservorios y gestión dinámica del recurso térmico.

1.6.4. Aceptación pública

La aceptación de la energía geotérmica por la sociedad está estrechamente ligada a la percepción que las personas tienen de los riesgos ambientales y geotécnicos, como la sismicidad inducida, el ruido generado durante la perforación y la posible alteración de los acuíferos subterráneos. En muchas ocasiones, estos riesgos son sobreestimados, debido a la falta de divulgación científica y a la escasa comprensión del marco regulatorio que rige estas actividades. Esta brecha de información puede provocar resistencia social, particularmente en las zonas donde los proyectos se desarrollan sin una adecuada consulta previa o sin mecanismos efectivos de participación ciudadana. Una estrategia eficaz de comunicación debe combinar herramientas pedagógicas con evidencia empírica sobre experiencias previas exitosas, mostrando cómo la geotermia puede coexistir con el entorno y beneficiar a la comunidad. Además, integrar procesos de gobernanza inclusiva desde las etapas iniciales del proyecto permite incorporar percepciones, inquietudes y propuestas locales en el diseño técnico y operativo. En este sentido, el licenciamiento social no solo debe verse como un requisito formal, sino como una construcción dinámica basada en la confianza mutua, la transparencia y el respeto por el conocimiento local. Implementar sistemas de monitoreo ambiental accesibles y comprensibles también contribuye a generar seguridad y a legitimar los procesos. La educación técnica, el acceso abierto a los datos de monitoreo y el diálogo continuo entre promotores del proyecto y actores locales son factores críticos para consolidar la aceptación social y asegurar la sostenibilidad a largo plazo.

Nota clave: la confianza social en los proyectos geotérmicos se construye a partir del diálogo técnico, la evidencia científica y la inclusión comunitaria.

CAPÍTULO 2
Geología y recurso geotérmico

2.1. Composición y capas internas de la Tierra

El estudio de la estructura interna de la Tierra es fundamental para comprender la dinámica geotérmica y la formación de recursos energéticos. Nuestro planeta está compuesto por capas con propiedades físicas y químicas distintas, que regulan la transferencia de calor desde el núcleo hasta la superficie. Cada una de estas capas influye en la distribución del calor interno y en la disponibilidad de zonas de alta actividad geotérmica. Analizar en detalle la estructura y el comportamiento de estas capas nos permite determinar las regiones con mayor potencial para la explotación de la energía geotérmica y mejorar los modelos de predicción del comportamiento térmico terrestre.

2.1.1. Composición química de la Tierra

La Tierra está compuesta por una variedad de elementos químicos, que se distribuyen en diferentes capas según su densidad y afinidad química. Los principales elementos que componen la Tierra son:

- Hierro (Fe): es el elemento más abundante en la Tierra, constituye aproximadamente el 32% de su masa. Se concentra principalmente en el núcleo, donde forma la mayor parte del núcleo externo y una porción significativa del núcleo interno.

- Oxígeno (O): es el segundo elemento más abundante, representa alrededor del 30% de la masa terrestre. Se combina con otros elementos para formar óxidos y silicatos, que son los principales componentes de la corteza y el manto.

- Silicio (Si): es el tercer elemento más abundante, representa cerca del 15% de la masa terrestre. Es un componente clave de los silicatos, que son los minerales más abundantes en la corteza y el manto.

- Magnesio (Mg): representa alrededor del 13% de la masa terrestre y es un componente importante de los silicatos, especialmente en el manto.

- Níquel (Ni): constituye aproximadamente el 1,8% de la masa terrestre y se encuentra principalmente en el núcleo, donde forma aleaciones con el hierro.

2.1.2. Capas internas de la Tierra

2.1.2.1. Corteza terrestre: diferenciación y características

La corteza terrestre es la capa más superficial y delgada de la Tierra, con un espesor que varía entre 5 y 70 kilómetros. Esta capa se divide en dos tipos principales: la corteza oceánica y la corteza continental. La corteza oceánica, que cubre aproximadamente el 71% de la superficie terrestre, es más delgada (entre 5 y 10 kilómetros) y está compuesta principalmente por rocas basálticas, ricas en hierro y magnesio. La corteza continental, que forma los continentes y las plataformas continentales, es más gruesa (entre 30 y 70 kilómetros) y está compuesta por rocas graníticas, ricas en silicio y aluminio. Esta diferencia en composición y espesor es fundamental para entender la distribución del calor geotérmico, ya que la corteza continental actúa como un aislante térmico, mientras que la corteza oceánica permite una mayor transferencia de calor desde el manto.

- Corteza oceánica: predominantemente compuesta por basaltos y gabros, tiene una alta densidad y se renueva constantemente en las dorsales oceánicas.
- Corteza continental: formada principalmente por rocas graníticas y sedimentarias, es menos densa y de mayor antigüedad que la corteza oceánica.

Característica	Corteza oceánica	Corteza continental
Composición	Basaltos y gabros	Granito y rocas sedimentarias
Espesor	5-10 km	30-70 km
Densidad	Alta	Baja
Edad	Más joven	Más antigua

Tabla 11. Resumen de las capas internas de la Tierra.

Nota clave: la discontinuidad de Mohorovičić (Moho) marca el límite entre la corteza y el manto. Esta zona se caracteriza por un aumento en la velocidad de propagación de las ondas sísmicas.

2.1.2.2. Manto terrestre: fuente primaria del calor geotérmico

El manto terrestre se extiende desde la base de la corteza hasta los 2900 km de profundidad. Está compuesto principalmente por peridotita y se divide en:

- Manto superior (hasta 660 km): contiene la astenosfera y es clave en la convección térmica.
- Manto inferior (660 a 2900 km): mayor rigidez debido a la alta presión, pero sigue siendo una fuente importante de transferencia de calor.

El calor interno del manto es transportado hacia la superficie por procesos de convección, lo cual contribuye a la actividad volcánica y geotérmica.

> **Nota clave:** la convección en el manto es el motor de la tectónica de placas y juega un papel esencial en la distribución del calor geotérmico.

2.1.2.3. Litosfera y astenosfera: estructuras clave en la dinámica terrestre

La litosfera y la astenosfera son dos capas fundamentales en la estructura interna de la Tierra, influyen en la dinámica tectónica y en la distribución del calor geotérmico. La litosfera, la capa más rígida, incluye la corteza y la parte superior del manto, con un espesor variable entre 50 y 200 kilómetros. Esta capa se encuentra fragmentada en placas tectónicas, que se desplazan sobre la astenosfera, una capa más dúctil y parcialmente fundida, cuya movilidad facilita el desplazamiento de estas placas.

La interacción entre estas capas es responsable de fenómenos como los terremotos, la formación de montañas y la actividad volcánica, eventos relacionados con la liberación de energía térmica desde el interior del planeta. Además, la variabilidad en el espesor y la composición de la litosfera entre las regiones oceánicas y continentales influye directamente en la transmisión y acumulación del calor interno, determinando la distribución de los recursos geotérmicos a nivel global.

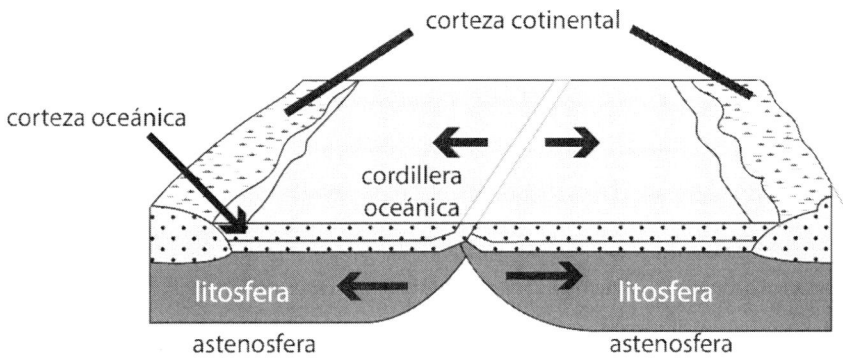

Figura 2.1. Frontera de placas divergentes.

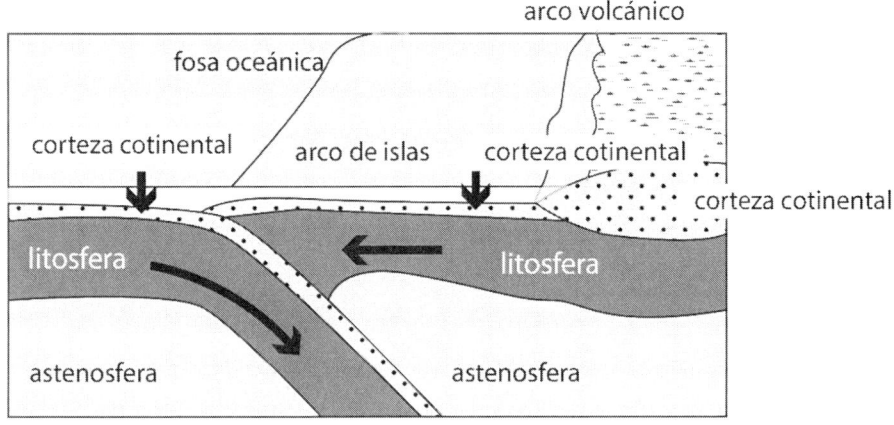

Figura 2.2. Convergencia continente-continente.

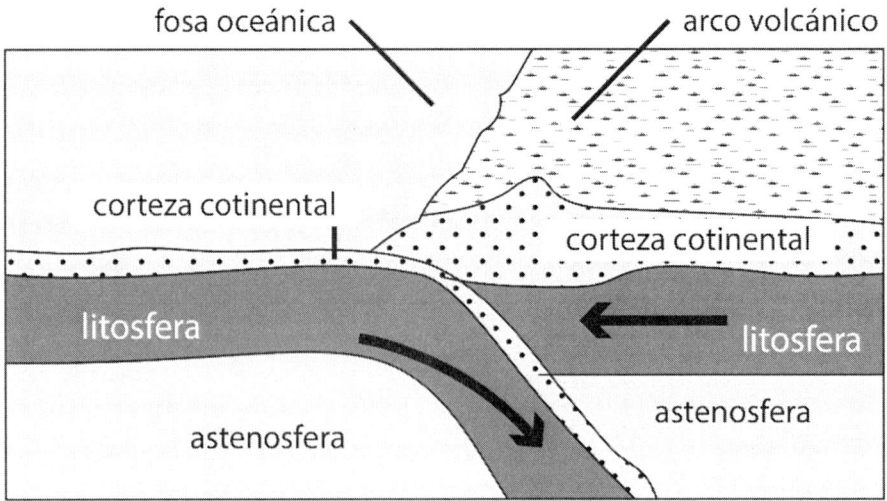

Figura 2.3. Convergencia continente-oceánico.

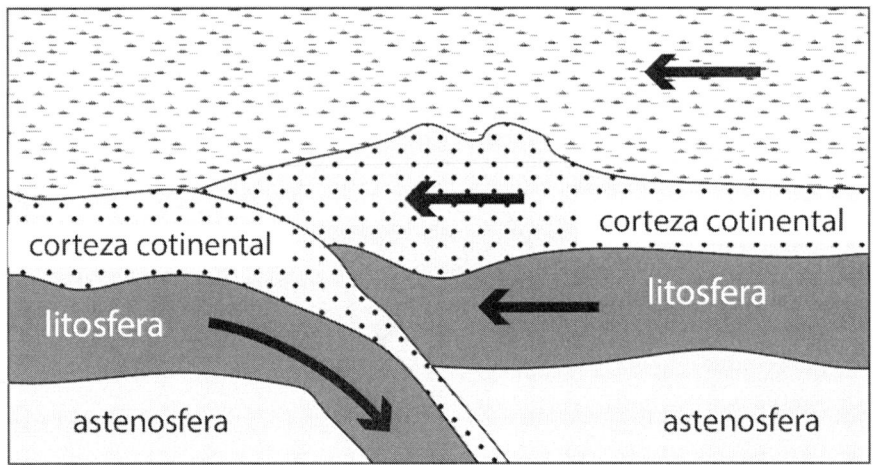

Figura 2.4. Figura convergencia continente-continente.

- **Litosfera (esfera de roca)**

Por debajo de la corteza se encuentra la litosfera, una capa rígida que incluye la corteza y la parte superior del manto. La litosfera tiene un espesor que varía entre 50 y 200 kilómetros. Está fragmentada en placas tectónicas que se mueven sobre la astenosfera, una capa más dúctil y parcialmente fundida. Este movimiento de placas es responsable de fenómenos como los terremotos, la formación de montañas y la actividad volcánica, todos ellos relacionados con la liberación de energía térmica desde el interior de la Tierra. La litosfera juega un papel crucial en la distribución del calor geotérmico, ya que su espesor y composición varían significativamente entre las regiones oceánicas y continentales.

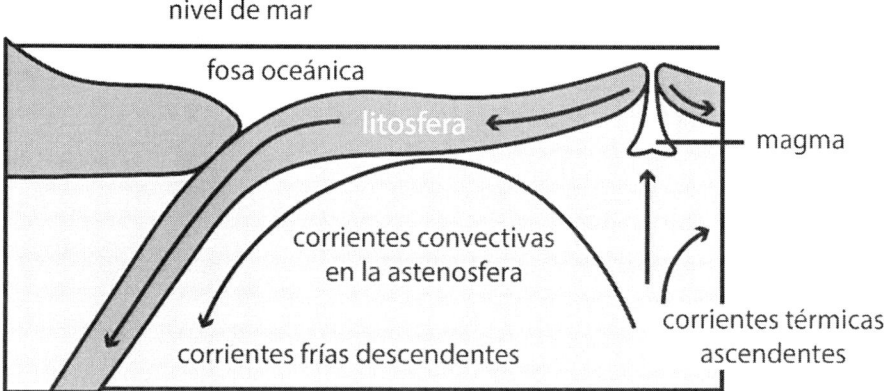

Figura 2.5. Formación de la litosfera.

- **Astenosfera (esfera débil)**

Ubicada justo debajo de la litosfera, es una capa semifundida que se extiende hasta una profundidad de aproximadamente 700 kilómetros. Esta capa es crucial para la tectónica de placas, ya que su naturaleza dúctil permite el movimiento de las placas litosféricas. La astenosfera está compuesta principalmente por peridotita, una roca ultramáfica rica en olivino y piroxeno que se encuentra en un estado de fusión parcial. Este estado semifundido facilita la convección del manto, un proceso que transfiere calor desde el núcleo hacia la superficie. La astenosfera es, por tanto, un componente clave en la generación y distribución del calor geotérmico.

> **Nota clave:** la teoría de la tectónica de placas fue ampliamente aceptada a partir de la década de 1960 y revolucionó la comprensión de la dinámica terrestre y la geotermia.

2.1.3. Núcleo terrestre: la fuente de energía interna

El núcleo terrestre constituye la región más interna del planeta y es clave en la generación de calor interno. Compuesto principalmente por hierro y níquel, se divide en dos secciones con propiedades distintas:

- **Núcleo externo (2900 a 5150 km):** líquido, genera el campo magnético terrestre mediante el efecto dinamo.
- **Núcleo interno (5150 a 6371 km):** sólido debido a las extremas presiones, con temperaturas superiores a 6000 °C.

Aunque el núcleo no está directamente involucrado en la generación de energía geotérmica accesible, su calor es fundamental para mantener el gradiente térmico interno del planeta.

Capa	Profundidad (km)	Composición principal	Estado físico	Temperatura (°C)
Corteza	0 - 70	Silicatos (Si, O, Al, Fe, Ca)	Sólido	200 - 1000
Manto superior	70 - 660	Peridotita, olivino	Sólido/dúctil	1000 - 3700
Manto inferior	660 - 2900	Perovskita, bridgmanita	Sólido rígido	3700 - 4500

Núcleo externo	2900 - 5150	Hierro, níquel, azufre	Líquido	4500 - 6000
Núcleo interno	5150 - 6371	Hierro, níquel	Sólido	>6000

Tabla 12. Capas internas de la Tierra según la profundidad y la temperatura.

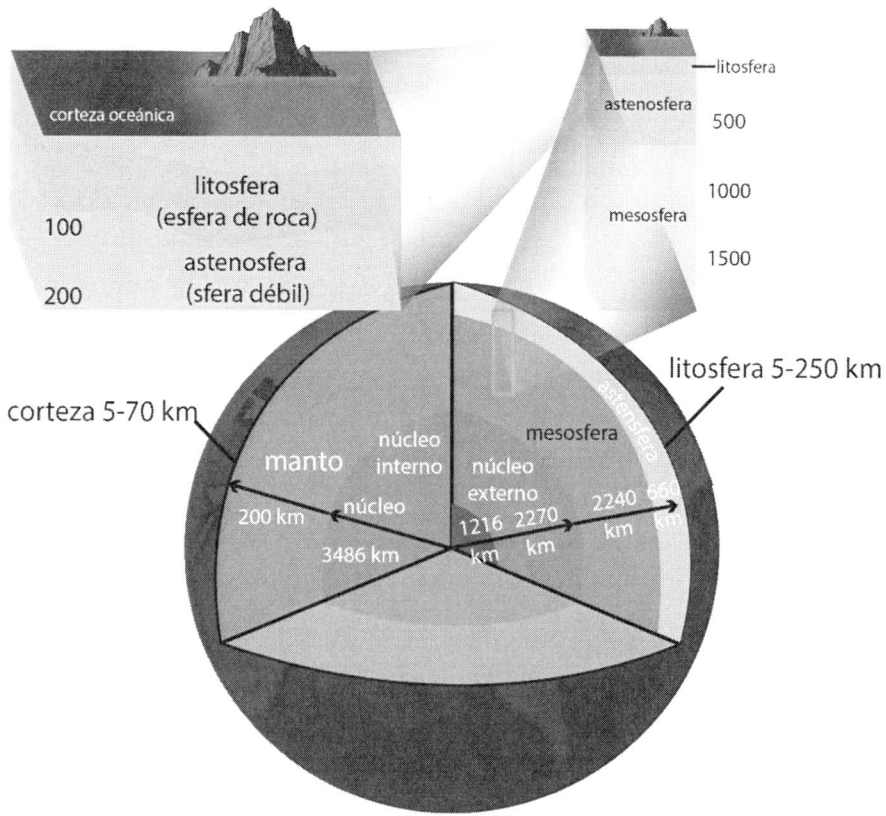

Figura 2.6. Capas internas de la Tierra.

2.2. Generación y distribución del calor interno

2.2.1. Fuentes del calor interno

El calor interno de la Tierra tiene su origen en múltiples procesos geofísicos que han ocurrido desde la formación del planeta. Estas fuentes de calor han impulsado la evolución geológica, los procesos tectónicos y la dinámica del manto, permitiendo la generación de energía geotérmica. Comprender la procedencia de este calor y su distribución es fundamental para evaluar el potencial de explotación de recursos geotérmicos.

2.2.2. Orígenes principales del calor terrestre

Existen tres fuentes fundamentales de calor en el interior de la Tierra.

2.2.2.1. Calor primigenio de la formación planetaria

Durante la formación de la Tierra, hace aproximadamente 4,5 mil millones de años, la acreción de materiales generó una gran cantidad de calor. Este calor primigenio se debió a colisiones de cuerpos celestes, la compactación gravitatoria y la diferenciación planetaria. Aunque gran parte de este calor se ha disipado al espacio, una fracción significativa aún permanece atrapada en el interior del planeta.

2.2.2.2. Calor generado por la desintegración radiactiva

La desintegración de isótopos radiactivos de elementos como uranio-238, torio-232 y potasio-40 en el manto y la corteza es la principal fuente de calor interno en la actualidad. Estos elementos emiten energía en forma de calor al decaer en otros elementos más estables. Esta fuente de calor es crucial, ya que provee un suministro continuo de energía térmica, lo que impulsa la convección del manto y la tectónica de placas.

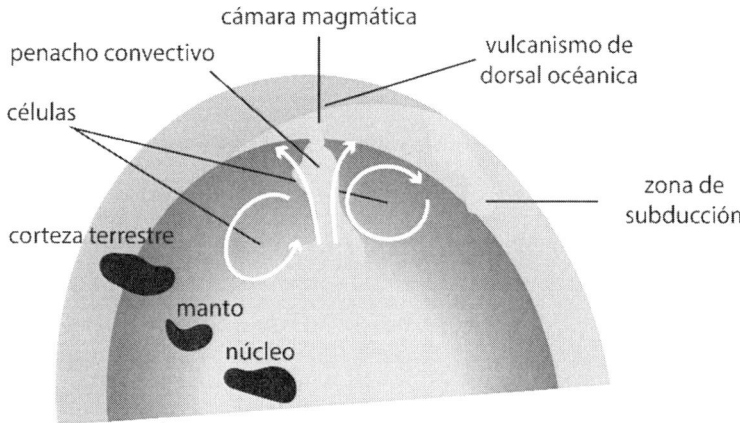

Figura 2.7. Generación de calor en el interior de la Tierra.

Elemento radiactivo	Isótopo	Período de semidesintegración (años)
Uranio	U-238	4470 millones
Uranio	U-235	704 millones
Torio	Th-232	14 000 millones
Potasio	K-40	1250 millones

Tabla 13. Isótopos radiactivos y sus períodos de semidesintegración.

2.2.2.3.   Calor por diferenciación y fricción interna

A medida que los materiales más densos, como el hierro y el níquel, se hundieron hacia el núcleo terrestre durante la diferenciación planetaria, se liberó una gran cantidad de energía térmica. Además, el movimiento de las capas internas genera fricción, que también contribuye a la generación de calor.

2.2.3. Distribución de la generación de calor en las capas terrestres

El calor interno de la Tierra no se distribuye de manera uniforme. Las diferentes capas contribuyen de manera distinta al balance térmico del planeta:

Capa terrestre	Fuente de calor predominante	Contribución relativa (%)
Corteza	Desintegración radiactiva	50%
Manto	Desintegración radiactiva y convección térmica	45%
Núcleo	Calor primordial y diferenciación	5%

Tabla 14. Distribución de calor de las capas de la Tierra.

> **Nota clave:** la mayor parte del calor interno proviene del manto y la corteza, mientras que el núcleo contribuye en menor medida, pero desempeña un papel crucial en la generación del campo magnético terrestre.

2.3. Gradiente geotérmico y flujo de calor terrestre

El gradiente geotérmico se define como la variación de temperatura con la profundidad en el interior de la Tierra. Este fenómeno es el resultado de la combinación de procesos geodinámicos, como la desintegración radiactiva de elementos presentes en el manto y la corteza, así como el calor residual de la formación planetaria. Su valor promedio oscila entre 20 y 30 °C por kilómetro en la litosfera, aunque puede presentar variaciones significativas según la ubicación geográfica y las características tectónicas de la región.

Corteza	Profundidad (Km)	Producción de calor en la capa (10^{-13} cal/seg.cm³)	Flujo de calor de la base de la capa (mcal/cm².seg)	Temperatura en la base de la capa (°C)
Corteza superior	0 - 16	4,8	2	600
Corteza inferior	16 - 40	1,9	1	1100
Corteza inferior	40-60	1,0	0.8	1300
Manto superior	60 - 100	0,2	0.6	1600

Tabla 15. Gradiente geotérmico por profundidad.

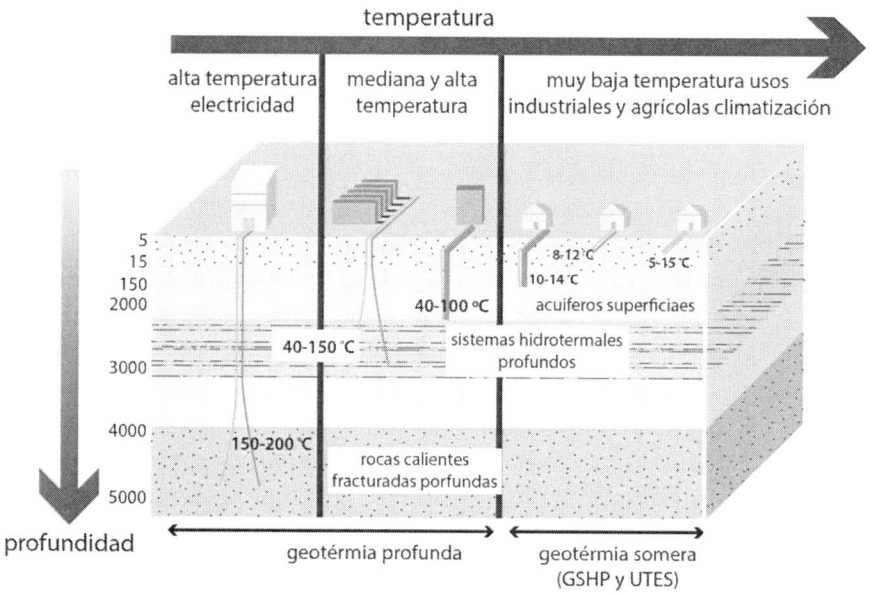

Figura 2.8. Esquema de la relación entre profundidad y temperatura.

> **Nota clave:** el gradiente geotérmico no es uniforme en todo el planeta. Las regiones tectónicamente activas pueden presentar gradientes mucho mayores debido a la presencia de magma a menor profundidad.

La distribución del gradiente geotérmico está influenciada por factores como la conductividad térmica de los materiales geológicos, la presencia de fluidos geotérmicos y la actividad volcánica. En las zonas de Rift o en los bordes de placas tectónicas, el gradiente geotérmico puede superar los 100 °C/km, lo que incrementa el potencial para la explotación de la energía geotérmica. En contraste, en las regiones cratónicas o escudos continentales, donde la litosfera es más gruesa, el gradiente geotérmico suele ser considerablemente menor.

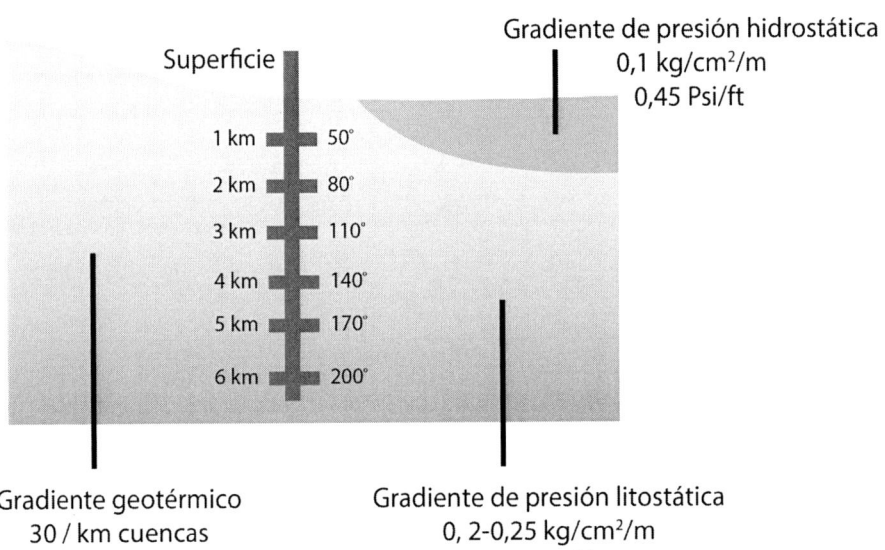

Figura 2.9. Esquema de valores generales de gradiente geotérmico y gradiente litostática.

> **Nota clave:** los sistemas geotérmicos de alta entalpía requieren gradientes geotérmicos superiores a los 80 °C/km para ser viables energéticamente.

A nivel global, el gradiente geotérmico es un indicador fundamental para la identificación de áreas con potencial geotérmico. Para su estimación, se utilizan mediciones directas en pozos de exploración y perfiles geofísicos que permiten determinar la variabilidad de temperatura en diferentes profundidades. Estas mediciones se complementan con modelos numéricos que simulan la dinámica del calor en la corteza terrestre y permiten predecir la evolución térmica de los reservorios geotérmicos.

Condición geológica	Gradiente geotérmico (°C/km)
Regiones tectónicamente activas	60 - 150
Regiones de Rift	40 - 80
Cratones o escudos continentales	10 - 20
Sistemas hidrotermales	50 - 100
Zonas volcánicas	80 - 200

Tabla 16. Valores típicos del gradiente geotérmico en distintas condiciones.

El conocimiento del gradiente geotérmico es fundamental para el diseño y la optimización de los proyectos geotérmicos. La selección de la profundidad de perforación, la eficiencia de los intercambiadores de calor y la rentabilidad de la explotación dependen directamente de cómo varía la temperatura en función de la profundidad. En este contexto, el análisis de la conductividad térmica de las rocas y la presencia de reservorios naturales de agua caliente resultan ser elementos clave en la determinación del potencial geotérmico de una región.

Nota clave: la explotación de recursos geotérmicos de baja entalpía (<150 °C) es viable en regiones con gradientes moderados mediante tecnologías de ciclo binario y bombas de calor geotérmicas.

La comprensión detallada del gradiente geotérmico permite desarrollar modelos predictivos más precisos para la exploración de nuevos recursos y la optimización de sistemas de generación de energía geotérmica. El estudio de estos gradientes es también crucial para la geotermobarometría, técnica que permite estimar las condiciones de formación de minerales en profundidades específicas y comprender mejor la evolución térmica de la corteza terrestre.

2.3.1. Medición y distribución global del gradiente geotérmico

La medición del gradiente geotérmico es esencial para evaluar el potencial energético de una región y comprender la dinámica del flujo de calor terrestre. La determinación precisa de la variación de temperatura con la profundidad se realiza a través de métodos directos e indirectos, los cuales permiten establecer perfiles térmicos de la litosfera y modelar la evolución geotérmica de una región.

Nota clave: el gradiente geotérmico no es uniforme en la Tierra, varía según la composición de la corteza, la tectónica local y la presencia de fluidos hidrotermales.

2.3.1.1. Métodos de medición del gradiente geotérmico

La medición del gradiente geotérmico puede realizarse a través de diferentes técnicas, entre las cuales destacan:

- Medición en pozos exploratorios: se introducen sondas de temperatura en perforaciones de exploración geotérmica, lo que permite determinar el perfil térmico de la formación rocosa. Este método es el más preciso y ampliamente utilizado en estudios geotérmicos.

- Estudios geofísicos: se utilizan métodos como la tomografía de resistividad eléctrica y la sismología para inferir la distribución térmica en el subsuelo.
- Mediciones en fuentes termales y manantiales: la temperatura del agua en surgencias naturales proporciona información indirecta sobre el gradiente geotérmico y la posible presencia de reservorios geotérmicos.
- Modelado numérico: se emplean modelos matemáticos para estimar la distribución del gradiente geotérmico en regiones de interés.

Método	Precisión	Aplicabilidad
Pozos exploratorios	Alta	Local
Estudios geofísicos	Media	Regional
Fuentes termales	Baja	Regional
Modelado numérico	Variable	Global

Tabla 17. Comparación de métodos de medición del gradiente geotérmico.

2.3.1.2. Distribución global del gradiente geotérmico

El gradiente geotérmico varía significativamente en función de la ubicación geográfica y la estructura geológica subyacente. En zonas tectónicamente activas, como el Cinturón de Fuego del Pacífico, los valores del gradiente geotérmico pueden superar los 80 °C/km, mientras que en regiones cratónicas estables los valores pueden ser inferiores a 15 °C/km. La siguiente tabla resume valores típicos del gradiente geotérmico en diferentes regiones del mundo.

Región geotérmica	Gradiente geotérmico (°C/km)
Zonas de subducción	50 - 100
Rift continental	40 - 80
Escudos continentales	10 - 20
Regiones volcánicas	80 - 200

Tabla 18. Valores típicos del gradiente geotérmico en distintas regiones.

> **Nota clave:** la identificación de áreas con gradientes geotérmicos elevados es crucial para la explotación de la energía geotérmica de alta entalpía.

2.3.2. Concepto de flujo de calor terrestre

El flujo de calor terrestre es un parámetro fundamental para comprender la dinámica térmica de la Tierra y su potencial para la explotación de energía geotérmica. A diferencia del gradiente geotérmico, que describe la variación de la temperatura con la profundidad, el flujo de calor representa la cantidad de energía térmica que se transfiere desde el interior de la Tierra hacia la superficie. Este proceso está influenciado por factores geológicos, termodinámicos y tectónicos, y su medición es esencial para evaluar el potencial energético de una región.

2.3.2.1. Diferencia entre gradiente térmico y flujo de calor

El gradiente térmico y el flujo de calor son conceptos relacionados pero distintos. Mientras que el gradiente térmico se refiere a la tasa de cambio de la temperatura con la profundidad, el flujo de calor es una medida de la energía térmica que fluye a través de una unidad de área en un período de tiempo determinado. En términos simples, el gradiente térmico indica cuánto aumenta la temperatura por cada kilómetro de profundidad, mientras que el flujo de calor cuantifica la cantidad de calor que se transfiere desde el interior de la Tierra hacia la superficie.

La relación entre ambos conceptos se puede expresar mediante la ley de Fourier, que establece que el flujo de calor es proporcional al gradiente térmico y a la conductividad térmica del material. Matemáticamente, esto se expresa como:

$$q = -k \cdot \frac{dT}{dz} \ (2.1)$$

Donde

q es el flujo de calor (W/m²)

k es la conductividad térmica del material (W/mK) y

$\frac{dT}{dz}$ es el gradiente térmico (K/m).

La ecuación anterior resalta que, aunque el gradiente térmico es un factor importante, la conductividad térmica de las rocas también juega un papel crucial en la determinación del flujo de calor.

> **Nota clave:** el flujo de calor terrestre no solo depende del gradiente térmico, sino de la conductividad térmica de las rocas. Por lo tanto, regiones con gradientes térmicos similares pueden tener flujos de calor muy diferentes, debido a variaciones en la conductividad.

2.3.2.2. Unidades y métodos de medición del flujo de calor

El flujo de calor se mide comúnmente en unidades de milivatios por metro cuadrado (mW/m²). Esta unidad refleja la cantidad de energía térmica que fluye a través de un área de un metro cuadrado en un segundo. En términos globales, el flujo de calor promedio en la corteza terrestre es de aproximadamente 65 mW/m², aunque este valor puede variar significativamente dependiendo de la región.

La medición del flujo de calor se realiza mediante sensores térmicos instalados en perforaciones profundas o mediante técnicas geofísicas que permiten inferir la conductividad térmica de las rocas. En las perforaciones, se utilizan termómetros de alta precisión para medir la temperatura a diferentes profundidades. Estos datos se combinan con mediciones de la conductividad térmica de las rocas para calcular el flujo de calor. En las áreas donde no es posible realizar perforaciones, se emplean métodos indirectos, como la tomografía sísmica, para estimar el flujo de calor.

Región	Flujo de calor (mW/m²)	Características geológicas
Dorsales oceánicas	100 - 200	Creación de corteza
Cratones	30 - 50	Corteza antigua y estable
Zonas de Rift	70 - 120	Extensión cortical
Zonas de subducción	40 - 80	Compresión y fricción
Áreas volcánicas	150 - 300	Presencia de magma

Tabla 19. Flujo de calor en diferentes regiones del mundo.

Nota clave: la medición precisa del flujo de calor es esencial para la exploración de recursos geotérmicos, ya que proporciona información directa sobre la disponibilidad de energía térmica en el subsuelo.

2.3.3. Mecanismos de transferencia de calor en la corteza terrestre

La transferencia de calor en la corteza terrestre es un proceso clave para comprender los sistemas geotérmicos y su viabilidad para la generación de energía. Este calor, originado en el interior del planeta, se propaga mediante tres mecanismos principales: conducción, convección y advección. Estos procesos determinan la formación y sostenibilidad de los reservorios geotérmicos, influyendo en su explotación eficiente.

2.3.3.1. Conducción térmica en materiales sólidos

La conducción es el principal mecanismo de transferencia de calor en materiales sólidos, como las rocas de la corteza terrestre. Este proceso ocurre cuando la energía térmica se transmite a través de interacciones moleculares sin desplazamiento del material. La ley de Fourier (ecuación de la página 45) establece que el flujo de calor es proporcional al gradiente de temperatura y a la conductividad térmica del material.

La conductividad térmica varía según la litología, con valores que van desde 1,5 W/mK en sedimentos hasta 6 W/mK en rocas cristalinas como el granito. La siguiente tabla resume los valores de conductividad térmica de distintas rocas comunes en la corteza terrestre:

Tipo de roca	Conductividad térmica (W/mK)
Sedimentos sueltos	0,5 – 1,5
Arenisca	2 – 4
Caliza	2,5 – 3,5
Granito	3 – 6
Basalto	1,5 – 2,5

Tabla 20. Conductividad térmica por tipos de roca.

> **Nota clave:** en las regiones de corteza continental estable, la conducción es el mecanismo predominante de disipación térmica.

2.3.3.2.   Convección térmica y circulación de fluidos

La convección ocurre cuando el calor se transporta a través del movimiento de fluidos, como agua o magma. Este mecanismo es relevante en los acuíferos subterráneos y las cámaras magmáticas. Puede manifestarse de forma natural, impulsada por diferencias de densidad, o ser forzada en los sistemas de explotación geotérmica.

Un ejemplo común es la circulación hidrotermal en los sistemas geotérmicos, donde el agua se calienta al entrar en contacto con rocas calientes, asciende a la superficie y, al enfriarse, vuelve a descender. En las plantas geotérmicas, se inyecta agua en pozos profundos para extraer calor de las formaciones rocosas.

Figura 2.10. Parque nacional Yellowstone, Estados Unidos.

Ejemplo: En el campo geotérmico de Yellowstone, los géiseres y fuentes termales evidencian sistemas convectivos activos que transportan calor desde el manto hasta la superficie.

El número de Rayleigh (Ra) determina si la convección es eficiente:

$$Ra = \frac{\rho g \alpha (T_1 - T_0) d^3}{vk} \quad (2.2)$$

Donde:

ρ es la densidad del fluido,

g es la gravedad,

α es el coeficiente de expansión térmica,

$T_1 - T_0$ es la diferencia de temperatura,

d es la profundidad,

v es la viscosidad cinemática y

k es la difusividad térmica.

> **Nota clave:** en las regiones de corteza continental estable, la conducción es el mecanismo predominante de disipación térmica.

Mecanismo	Medio de propagación	Eficiencia en transferencia de calor
Conducción	Rocas sólidas	Baja
Convección	Fluidos (agua, vapor)	Alta
Radiación	Ondas electromagnéticas	Mínima en la corteza terrestre

Tabla 21. Comparación de la eficiencia de los mecanismos de transferencia de calor.

2.3.3.3. Advección: transporte de calor con el movimiento de masas

La **advección** es el mecanismo mediante el cual el calor se transporta por el movimiento de masas de roca o fluidos. Se da en dos contextos principales:

- **Movimiento de magma**: en zonas volcánicas, donde el magma ascendente transfiere calor a la corteza.
- **Circulación de aguas meteóricas**: el agua de lluvia se infiltra en fallas y transporta calor hacia la superficie.

El flujo de calor advectivo se expresa como:

$$Q_{adv} = \rho c_p V \Delta T \quad (2.3)$$

Donde:

ρ es la densidad del fluido (kg/m³),

C_p es el calor específico (J/Kg K),

V es la velocidad del fluido (m/s) y

ΔT es la diferencia de temperatura.

> **Nota clave:** los sistemas geotermales más eficientes combinan conducción en profundidad y convección en niveles superficiales, lo cual optimiza la transferencia de calor.

2.3.3.4. Influencia de la radiación térmica en la atmósfera

La radiación térmica permite la transmisión de calor en forma de ondas electromagnéticas, sin necesidad de un medio material. En la superficie terrestre es fundamental en la absorción y emisión de energía solar; sin embargo, en la corteza terrestre su impacto es limitado, debido a la baja transparencia de las rocas a la radiación infrarroja.

En entornos profundos con temperaturas superiores a 1000 °C, como las cercanías de cámaras magmáticas, la radiación térmica puede desempeñar un papel relevante en la transferencia de calor.

> **Nota clave:** la radiación térmica es un parámetro esencial en los estudios de teledetección geotérmica para identificar anomalías de temperatura en la superficie terrestre.

2.3.3.5. Interacción de los mecanismos de transferencia de calor

En la corteza terrestre, los mecanismos de transferencia de calor no operan de manera aislada, sino que interactúan de forma dinámica, dependiendo de las condiciones geológicas y la estructura del subsuelo. En los sistemas geotérmicos, la conducción predomina en las capas superficiales de roca sólida, debido a la baja movilidad de los materiales y la eficiente transmisión del calor en los medios con alta densidad. Sin embargo, a mayores profundidades, en reservorios con fluidos, la convección se convierte en el mecanismo dominante, facilitando el transporte de calor a través de la circulación de líquidos y vapores en las fracturas y las fallas geológicas. Este proceso es especialmente evidente en los sistemas hidrotermales y en las áreas con actividad tectónica elevada.

La radiación térmica, aunque menos relevante en comparación con la conducción y la convección en la corteza terrestre, juega un papel importante en la disipación del calor en las regiones de alta temperatura, como las proximidades de las cámaras magmáticas. En estos entornos, donde las temperaturas pueden superar los 1000 °C, la emisión de radiación infrarroja contribuye a la redistribución del calor, aunque su efecto es secundario en comparación con los otros mecanismos. En conjunto, la interacción de estos procesos determina la eficiencia de la transferencia de calor en los sistemas geotérmicos y su potencial para la explotación energética.

- **Ejemplo:** en el campo geotérmico de The Geysers, en California, la convección del vapor de agua es el principal mecanismo de transferencia de calor, aunque la conducción también desempeña un papel clave en la disipación del calor dentro de las rocas circundantes.

2.3.3.6. Factores que modulan la eficiencia de la transferencia de calor

Diversos factores influyen en la eficiencia de los mecanismos de transferencia de calor en la corteza terrestre:

- Permeabilidad de la roca: facilita la convección en los sistemas hidrotermales.
- Composición mineralógica: determina la conductividad térmica de las formaciones geológicas.
- Presencia de fluidos: mejora el transporte de calor mediante convección.
- Estructuras geológicas: fallas y fracturas pueden potenciar o restringir el flujo térmico.
- Gradiente geotérmico: afecta a la dirección y magnitud del flujo de calor.

El estudio detallado de estos factores permite optimizar el aprovechamiento de la energía geotérmica y mejorar la eficiencia de su explotación.

2.4. Propiedades térmicas de las rocas y los fluidos geotérmicos

La eficiencia de los sistemas geotérmicos está determinada por una serie de propiedades térmicas de los materiales involucrados en la transferencia y almacenamiento de calor. Las rocas que forman la corteza terrestre y los fluidos geotérmicos que circulan a través de ellas regulan la dinámica térmica del subsuelo y, por ende, el aprovechamiento energético. La capacidad de conducción, almacenamiento y transmisión de calor define el comportamiento térmico del sistema geotérmico, lo que condiciona su viabilidad y sostenibilidad a largo plazo.

La composición mineralógica de las rocas es un factor determinante en la transferencia de calor. Las rocas ígneas y metamórficas, con menor porosidad y alta densidad, presentan mayores valores de conductividad térmica en comparación con las rocas sedimentarias. La porosidad y la permeabilidad influyen en la capacidad de las rocas para almacenar y transferir calor, lo que afecta a la estabilidad térmica del sistema.

En cuanto a los fluidos geotérmicos, sus propiedades físicas y químicas, como la viscosidad, la densidad, el calor específico y la conductividad térmica, impactan directamente en la eficiencia del transporte de calor desde el interior de la Tierra hasta la superficie. Los fluidos con baja viscosidad facilitan la circulación a través de fracturas y porosidad secundaria, lo cual promueve un sistema de convección más eficiente. La densidad y la salinidad del fluido afectan a su comportamiento térmico, modificando la eficiencia en la transferencia de calor y la interacción con las formaciones rocosas.

Comprender en detalle estas propiedades permite diseñar estrategias de exploración y explotación más precisas que aseguren la maximización del recurso térmico y minimicen el impacto ambiental. La correcta evaluación geológica y térmica de un yacimiento geotérmico es clave para garantizar un aprovechamiento sostenible y rentable del recurso.

2.4.1. Conductividad térmica de las rocas

La conductividad térmica es una propiedad fundamental en la transferencia de calor dentro de la corteza terrestre. Define la capacidad de un material para conducir calor a través de su masa sin que haya movimiento de materia. En los sistemas geotérmicos, la conductividad térmica de las rocas es crucial para determinar la eficiencia de la extracción de energía y la viabilidad de un yacimiento.

La variabilidad en la conductividad térmica de las rocas depende de diversos factores, como la composición mineralógica, la densidad, la porosidad y la orientación de sus estructuras internas. Las rocas cristalinas, como el granito, presentan valores elevados de conductividad térmica debido a su estructura compacta y homogénea, lo que permite una propagación eficiente del calor. En contraste, las rocas sedimentarias, como la arenisca y la caliza, suelen presentar una menor conductividad, debido a su mayor contenido de poros y la presencia de materiales de baja capacidad de conducción térmica.

2.4.1.1. Factores que influyen en la conductividad térmica de las rocas

- **Composición mineralógica:** los minerales como el cuarzo tienen alta conductividad térmica, mientras que los filosilicatos presentan valores más bajos.
- **Densidad y compacidad:** las rocas con mayor densidad y menor porosidad tienden a ser más conductivas térmicamente.
- **Porosidad y presencia de fluidos:** los fluidos en los espacios porosos pueden aumentar la conductividad térmica, mientras que los poros llenos de aire reducen la transferencia de calor.
- **Orientación estructural:** las rocas con foliación pronunciada pueden presentar anisotropía en la conducción del calor.
- **Presión y temperatura:** a profundidades elevadas, la compresión de la roca y la presencia de fases fundidas pueden alterar la conductividad térmica.

Tipo de roca	Conductividad térmica (W/mK)
Granito	2,5 – 3,5
Basalto	1,2 – 2,0
Arenisca	1,0 – 2,0
Caliza	1,3 – 2,3
Esquisto	1,5 – 2,5

Tabla 22. Conductividad térmica promedio de diferentes tipos de roca.

> **Nota clave:** la presencia de fluidos en las rocas puede aumentar significativamente su conductividad térmica, al mejorar la transferencia de calor en los espacios porosos.

2.4.1.2. Impacto en la explotación geotérmica

La conductividad térmica de las rocas influye en la eficiencia de los sistemas geotérmicos, determinando la capacidad de transferencia de calor desde el subsuelo hasta la superficie. En las regiones con alta conductividad térmica, la energía geotérmica puede extraerse de manera más eficiente, lo que reduce la necesidad de perforaciones adicionales y mejora la sostenibilidad del proyecto.

- **Ejemplo:** en Islandia, donde predominan los basaltos con conductividad térmica moderada, la explotación geotérmica se optimiza mediante sistemas de fracturación que facilitan el flujo de fluidos y el transporte de calor.

2.4.2. Capacidad calorífica y difusividad térmica

La capacidad calorífica, la difusividad térmica y la conductividad térmica son propiedades fundamentales para caracterizar el comportamiento térmico de las rocas en sistemas geotérmicos, aunque cada una describe un aspecto distinto del almacenamiento y propagación del calor. Mientras que la conductividad térmica mide la eficiencia con la que un material transmite el calor a través de su masa, la capacidad calorífica determina cuánta energía es necesaria para incrementar su temperatura. La difusividad térmica, por su parte, expresa la rapidez con la que un material responde a los cambios térmicos, combinando la influencia de la conductividad térmica y la capacidad calorífica.

La capacidad calorífica representa la cantidad de energía térmica necesaria para aumentar la temperatura de una unidad de masa de un material en un grado Kelvin. Esta propiedad es crucial en sistemas geotérmicos, ya que determina la eficiencia con la que una roca puede absorber y almacenar calor. La difusividad térmica, por otro lado, indica la velocidad con la que un material responde a las fluctuaciones de temperatura, relacionando la conductividad térmica, la densidad y la capacidad calorífica de la roca.

Las rocas con alta capacidad calorífica pueden acumular grandes cantidades de energía, lo que favorece la estabilidad térmica del subsuelo en los sistemas geotérmicos profundos. Mientras tanto, una alta difusividad térmica permite la propagación rápida del calor, lo cual facilita la transferencia térmica en formaciones rocosas más superficiales. Hay factores, como la mineralogía, la porosidad y el contenido de fluidos, que influyen significativamente en ambas propiedades, modificando el rendimiento térmico de los reservorios geotérmicos.

> **Nota clave:** en la selección de sitios para la explotación geotérmica, se debe considerar un equilibrio entre la capacidad calorífica y la difusividad térmica para maximizar la eficiencia del sistema.

Tipo de roca	Capacidad calorífica (J/kgK)	Difusividad térmica (mm²/s)
Granito	790 - 900	1,2 – 1,8
Basalto	850 - 1050	1,0 – 1,5
Arenisca	750 - 850	0,6 – 1,2
Caliza	850 - 950	0,9 – 1,4

Tabla 23. Capacidad calorífica y difusividad térmica de algunas rocas.

- **Ejemplo:** en los reservorios geotérmicos profundos, una roca con alta capacidad calorífica puede actuar como un almacén de energía térmica a largo plazo y mejora la estabilidad del recurso.

2.4.3. Propiedades de los fluidos geotérmicos

Los fluidos geotérmicos desempeñan un papel crucial en la transferencia de calor desde el interior de la Tierra hacia la superficie. Estos fluidos, que incluyen agua, vapor y salmueras, actúan como transportadores de energía térmica dentro de los sistemas geotérmicos. Su comportamiento térmico y dinámico depende de diversas propiedades físicas y químicas, como la densidad, la viscosidad, la conductividad térmica y la capacidad calorífica.

La interacción entre estas propiedades determina la eficiencia con la que el calor se extrae de los reservorios geotérmicos y se aprovecha para la generación de energía. Por ejemplo, un fluido con alta capacidad calorífica puede retener más energía térmica, lo que permite una liberación sostenida del calor almacenado. La viscosidad influye en la facilidad con la que el fluido circula a través de fracturas y poros en las rocas, optimizando la extracción de calor en sistemas de convección natural o inducida.

2.4.3.1. Factores que afectan las propiedades de los fluidos geotérmicos

Temperatura y presión: la variación en estas condiciones afecta el estado físico del fluido (agua líquida o vapor), alterando su capacidad de transporte de calor.

Composición química: la presencia de sales y minerales disueltos en los fluidos modifica su conductividad térmica y viscosidad.

Densidad: los fluidos con mayor densidad pueden retener más calor, pero también esto afecta a la flotabilidad y la circulación dentro del reservorio.

Viscosidad: los fluidos de menor viscosidad tienen mayor movilidad, lo cual facilita la transferencia de calor en sistemas geotérmicos de alta permeabilidad.

Salinidad: afecta el punto de ebullición del fluido, lo que modifica su eficiencia en la generación de vapor para turbinas geotérmicas.

Fluido	Densidad (kg/m³)	Capacidad Calorífica (J/kgK)	Viscosidad (mPa·s)
Agua	950 - 1000	4180	0,28 – 0,40
Vapor de agua	0,6 – 1,0	2000 - 2500	0,01 – 0,03
Salmuera	1020 - 1200	3900 - 4200	0,35 – 0,50

Tabla 24. Propiedades térmicas de los fluidos geotérmicos.

Nota clave: la interacción entre temperatura, salinidad y presión influye en el comportamiento de los fluidos geotérmicos, lo cual impacta directamente en la viabilidad de su explotación en diferentes entornos geológicos.

2.4.3.2. Impacto en la explotación geotérmica

Las propiedades de los fluidos geotérmicos influyen significativamente en la eficiencia de los sistemas de generación de energía. Un fluido con alta capacidad calorífica y baja viscosidad optimiza la transferencia de calor y mejora la eficiencia en la extracción del recurso.

En los sistemas de alta entalpía, como los campos geotérmicos en Islandia y California, el vapor de agua con baja viscosidad y alta entalpía facilita la generación de electricidad mediante turbinas de vapor. En cambio, en sistemas de baja entalpía, el agua caliente se utiliza directamente para calefacción o en ciclos binarios, donde un fluido secundario con bajo punto de ebullición permite la conversión energética.

2.5. Tipos de reservorios geotérmicos

Los reservorios geotérmicos representan las estructuras naturales que almacenan y transportan calor desde el interior de la Tierra hacia la superficie.

Su formación está condicionada por factores geológicos como la actividad tectónica, la permeabilidad de las rocas y la presencia de fuentes de calor subterráneas. Estos reservorios pueden clasificarse en función de la temperatura del fluido, su origen y las condiciones de almacenamiento, lo que determina su viabilidad para diferentes aplicaciones energéticas.

La exploración y la explotación de estos reservorios requieren un conocimiento detallado de su dinámica térmica y geológica. Dependiendo de sus características, algunos reservorios permiten la generación de electricidad a gran escala, mientras que otros se emplean para calefacción directa o en procesos industriales.

2.5.1. Clasificación de los sistemas geotérmicos

Los sistemas geotérmicos se pueden clasificar en función de diversos factores, tales como la temperatura del fluido geotérmico, la profundidad del reservorio y la naturaleza del medio de almacenamiento de calor. Comprender estas categorías es fundamental para determinar su viabilidad económica, las tecnologías de extracción adecuadas y el impacto ambiental de su explotación.

2.5.1.1. Clasificación según la temperatura

Uno de los principales criterios de clasificación de los sistemas geotérmicos es la temperatura del fluido, ya que este factor determina el tipo de tecnología de conversión energética que se puede emplear. Se distinguen tres categorías principales:

- **Yacimientos de alta temperatura (>150 °C):** se encuentran en regiones con alta actividad volcánica y tectónica. Son los más utilizados para la generación de electricidad mediante ciclos de vapor seco o *flash*. Por ejemplo, los campos geotérmicos de The Geysers en EE. UU. y Cerro Prieto en México.

- **Yacimientos de temperatura media (90-150 °C):** son reservorios con temperaturas intermedias que pueden utilizarse para generación eléctrica con tecnologías de ciclo binario o para aplicaciones industriales y calefacción. Por ejemplo, algunas instalaciones en Italia y Alemania.

- **Yacimientos de baja temperatura (<90 °C):** se utilizan principalmente para calefacción de espacios, invernaderos, procesos industriales de baja entalpía y balneoterapia. Estos sistemas predominan en las regiones continentales estables y con gradientes geotérmicos moderados.

Tipo de yacimiento	Temperatura (°C)	Aplicaciones principales
Alta temperatura	>150	Generación de electricidad
Temperatura media	90 - 150	Calefacción, procesos industriales
Baja temperatura	<90	Calefacción, balneoterapia, acuicultura

Tabla 25. Clasificación de los sistemas geotérmicos según temperatura.

2.5.1.2. Clasificación según la naturaleza del reservorio

Los sistemas geotérmicos también pueden clasificarse en función del medio en el que se almacena y transfiere el calor:

Sistemas hidrotermales: son los más comunes. Aprovechan la circulación de agua o vapor en reservorios permeables. Suelen encontrarse en zonas de fracturación activa y presentan altas tasas de transferencia de calor.

Sistemas geopresurizados: son reservorios profundos donde el agua caliente está atrapada bajo altas presiones en formaciones sedimentarias de baja permeabilidad. Su explotación es más compleja, debido a la necesidad de liberar la presión para extraer el calor.

Sistemas magmáticos: ubicados en zonas de actividad volcánica reciente, estos sistemas contienen fuentes de calor extremadamente altas y pueden llegar a temperaturas superiores a 400 °C.

2.5.1.3.   Factores geológicos que afectan a la clasificación

- **Gradiente geotérmico:** las regiones con gradientes elevados favorecen la formación de yacimientos de alta temperatura.
- **Actividad tectónica:** la presencia de fallas y fracturas facilita la migración de fluidos y la formación de reservorios hidrotermales.
- **Composición de la roca:** las rocas con alta permeabilidad permiten una circulación eficiente de los fluidos geotérmicos, mientras que las rocas compactas favorecen los sistemas geopresurizados.

> **Nota clave:** la correcta clasificación de un sistema geotérmico permite seleccionar la tecnología de explotación más eficiente y optimizar la rentabilidad del proyecto.

2.5.2. Reservorios hidrotermales

Los reservorios hidrotermales son los sistemas geotérmicos más comunes y explotados en la actualidad. Estos reservorios se caracterizan por la presencia de agua o vapor en formaciones geológicas permeables, donde el calor terrestre es transferido a través de la circulación de fluidos geotérmicos. Su existencia depende de la combinación de una fuente de calor profunda, una roca almacén con alta permeabilidad y una capa de sello que impida la pérdida de calor y fluidos.

Estos sistemas pueden dividirse en dos grandes categorías, según el estado físico del fluido dominante en el reservorio:

- **Sistemas de agua caliente:** predominan en yacimientos de temperatura baja a media, donde el agua permanece en estado líquido debido a las condiciones de presión. Estos sistemas son ideales para calefacción, procesos industriales y balneoterapia.

Sistemas de vapor seco: se encuentran en regiones de alta temperatura y permiten la generación directa de electricidad sin necesidad de transformar el fluido en vapor adicional, lo que aumenta la eficiencia de la conversión energética.

Característica	Sistemas de agua caliente	Sistemas de vapor seco
Estado del fluido	Agua líquida	Vapor seco
Temperatura	50 - 150 °C	>150 °C
Aplicaciones	Calefacción, balnearios, procesos industriales	Generación de electricidad
Ejemplo	Balnearios en Hungría	The Geysers, EE. UU.

Tabla 26. Comparación entre sistemas de agua caliente y vapor seco.

2.5.2.1. Ejemplos de reservorios hidrotermales en el mundo

- **The Geysers, EE.UU.:** es el campo geotérmico más grande del mundo, con un sistema de vapor seco utilizado para generación eléctrica.
- **Larderello, Italia:** es uno de los primeros sistemas de vapor seco explotados comercialmente, opera desde inicios del siglo XX.
- **Campos geotérmicos de Islandia:** son utilizados para calefacción urbana y generación de electricidad, aprovechando la alta actividad volcánica de la región.

2.5.2.2. Factores que influyen en la explotación de reservorios hidrotermales

La explotación de los reservorios hidrotermales depende de una serie de factores geológicos, físicos y ambientales que determinan su viabilidad y sostenibilidad a largo plazo. Estos factores influyen en la eficiencia con la que se extrae y utiliza el calor contenido en los fluidos geotérmicos, así como en los posibles impactos ecológicos y estructurales que puedan derivarse de su aprovechamiento.

- **Gradiente geotérmico:** afecta a la temperatura del fluido y, por ende, a la eficiencia de conversión de energía.
- **Permeabilidad de la roca:** determina la facilidad de circulación de los fluidos geotérmicos dentro del reservorio.
- **Recarga del sistema:** es esencial para la sostenibilidad del yacimiento, ya que evita el agotamiento del recurso.
- **Impacto ambiental:** la extracción de fluidos puede provocar la subsidencia del terreno y las emisiones de gases disueltos.

> **Nota clave:** la identificación de un reservorio hidrotermal viable requiere estudios geofísicos y perforaciones exploratorias para evaluar su potencial y sostenibilidad.

2.5.3. Sistemas geopresurizados y magmáticos

Los sistemas geotérmicos pueden clasificarse en diversas categorías según su origen y características geológicas. Entre estos, los sistemas geopresurizados y magmáticos representan dos de las fuentes de calor más intensas y menos convencionales para la explotación geotérmica. Estos sistemas presentan particularidades que los diferencian de los reservorios hidrotermales tradicionales y requieren tecnologías especializadas para su aprovechamiento.

2.5.3.1. Sistemas geopresurizados

Los sistemas geopresurizados son reservorios de alta presión que se encuentran a profundidades considerables, generalmente en cuencas sedimentarias donde los fluidos han quedado atrapados en formaciones rocosas de baja permeabilidad. La alta presión es producto de la acumulación de fluidos bajo estratos compactos que impiden su escape.

Características principales

- **Alta presión:** los fluidos en estos sistemas pueden estar sometidos a presiones superiores a los 1000 bares.
- **Temperatura moderada a alta:** pueden alcanzar temperaturas de 90 a 200 °C, dependiendo de la profundidad y la fuente de calor.
- **Baja permeabilidad:** el flujo natural de los fluidos es limitado, debido a la compactación de las formaciones rocosas.
- **Presencia de gases disueltos:** contienen metano, dióxido de carbono y otros compuestos volátiles que pueden afectar a la explotación.

2.5.3.2.   Aplicaciones de los sistemas geopresurizados

Estos reservorios pueden aprovecharse para la generación de energía mediante la extracción de calor residual y la utilización de gases disueltos para la cogeneración. También pueden emplearse en sistemas binarios, donde un fluido secundario con bajo punto de ebullición se utiliza para convertir el calor en energía mecánica.

Ejemplo: en la cuenca del golfo de México existen formaciones geopresurizadas con potencial geotérmico, pero explotarlas resulta problemático desde el punto de vista técnico, debido a la baja permeabilidad y los altos costes de perforación.

Característica	Sistemas geopresurizados	Reservorios convencionales
Profundidad	>3000 m	500 - 2500 m
Permeabilidad	Baja	Media - Alta
Presión	>1000 bares	10 - 500 bares
Contenido de gases	Alto	Bajo

Tabla 27. Comparación entre reservorios geopresurizados y convencionales.

2.5.3.3.   Sistemas magmáticos

Los sistemas magmáticos representan una fuente de energía geotérmica extremadamente alta, ya que el calor proviene directamente de cuerpos magmáticos en la corteza terrestre. Estos sistemas están estrechamente vinculados con zonas de actividad volcánica y dorsales oceánicas, donde la temperatura puede superar los 600°C.

2.5.3.4.   Factores clave de los sistemas magmáticos

- **Temperaturas extremas:** se localizan en zonas donde la roca fundida genera intensas emisiones térmicas.
- **Dificultades de perforación:** la presencia de magma a altas temperaturas dificulta la extracción de calor con tecnologías convencionales.
- **Generación de calor por contacto:** el calor se transfiere a fluidos circundantes que pueden ser utilizados para la explotación geotérmica.
- **Alto potencial energético:** si se desarrollan las tecnologías adecuadas, estos sistemas podrían superar en eficiencia a las fuentes geotérmicas actuales.

Ejemplo de sistemas magmáticos explotados

Uno de los proyectos pioneros en este campo es el de Krafla, en Islandia, donde se han realizado perforaciones experimentales para explorar la viabilidad de extraer calor directamente de reservorios cercanos a intrusiones magmáticas.

2.5.3.5.   Consideraciones para la explotación de estos sistemas

- Materiales resistentes: las perforaciones deben emplear aleaciones metálicas y recubrimientos cerámicos capaces de soportar temperaturas extremas.

- Gestión de gases: en los sistemas geopresurizados y magmáticos, la liberación de gases disueltos puede representar un reto ambiental y operativo.
- Tecnologías emergentes: la investigación en materiales de perforación y conversión de calor es clave para desarrollar el potencial de estos sistemas.

> **Nota clave:** a pesar de sus desafíos técnicos, los sistemas magmáticos representan una de las mayores oportunidades para la generación de energía geotérmica en el futuro, con capacidad de producir grandes cantidades de energía sin necesidad de combustibles fósiles.

2.6. Modelos conceptuales de sistemas geotérmicos

Los modelos conceptuales de sistemas geotérmicos son representaciones simplificadas que permiten comprender la dinámica de transferencia de calor y flujo de fluidos en el subsuelo. Estos modelos facilitan la evaluación de la viabilidad de un reservorio geotérmico, optimizan la explotación del recurso y permiten predecir su comportamiento a largo plazo. Dependiendo de la naturaleza del sistema, los modelos pueden enfocarse en la convección de fluidos, la conducción térmica en formaciones de roca caliente o la influencia estructural y tectónica sobre el flujo de calor.

El desarrollo de estos modelos es crucial para la gestión sostenible de la energía geotérmica, ya que permite mejorar la eficiencia de los sistemas de extracción y minimizar el impacto sobre el medio ambiente. Además, la aplicación de modelos numéricos ha evolucionado en las últimas décadas, permitiendo simulaciones precisas que optimizan el diseño de pozos geotérmicos y la gestión de los reservorios.

2.6.1. Modelos de convección en reservorios geotérmicos

Los modelos de convección en reservorios geotérmicos describen los procesos de transferencia de calor y la circulación de fluidos dentro del subsuelo. Estos modelos son fundamentales para comprender la dinámica del recurso y optimizar su explotación. La convección ocurre cuando el calor se transfiere a través del movimiento de fluidos dentro de un sistema geotérmico, lo que genera patrones de flujo característicos que dependen de la permeabilidad y la estructura geológica del medio.

2.6.1.1. Procesos de transferencia de calor por convección natural

La convección natural en un reservorio geotérmico ocurre debido a diferencias de densidad en los fluidos geotérmicos. Cuando el agua o el vapor se calientan en las profundidades del subsuelo, disminuyen su densidad y ascienden a través de fisuras y fracturas, donde finalmente ceden su calor a zonas de menor temperatura. Posteriormente, el fluido enfriado desciende y se reinicia el ciclo. Este proceso es fundamental en sistemas de alta entalpía, donde la circulación de fluidos puede mantener temperaturas superiores a los 200 °C.

Los patrones de convección pueden verse afectados por la heterogeneidad del medio geológico, la presencia de barreras impermeables y la recarga del sistema. La eficiencia del transporte de calor está condicionada por la conectividad de las fracturas y la cantidad de fluidos disponibles en el reservorio.

Zonas de recarga y descarga de fluidos geotérmicos

Un sistema de convección está compuesto por tres zonas principales:

Zona de recarga: es el área donde el agua meteórica o superficial se infiltra hacia el subsuelo a través de fracturas permeables.

Zona de calentamiento: ubicada en las profundidades del sistema, donde el fluido adquiere energía térmica por contacto con rocas calientes o intrusiones magmáticas.

Zona de descarga: es la región donde los fluidos geotérmicos emergen a la superficie en forma de fuentes termales, géiseres o fumarolas. También, para aprovecharlos, pueden ser extraídos mediante pozos.

Las zonas de recarga y descarga son fundamentales para la sostenibilidad del reservorio, ya que determinan la cantidad de fluido disponible y su renovación. En los sistemas explotados de manera intensiva, es necesario mantener un balance hídrico adecuado para evitar el agotamiento del recurso.

2.6.1.2. Importancia de la permeabilidad en la eficiencia del sistema

La permeabilidad de las rocas es un factor crítico en la eficiencia de los sistemas geotérmicos de convección. En los sistemas con alta permeabilidad, los fluidos pueden circular libremente, lo cual facilita el intercambio de calor y la extracción de energía. Por otro lado, en los reservorios con baja permeabilidad la circulación de fluidos es más limitada, lo que puede afectar a la productividad del sistema y requerir tecnologías de estimulación, como la fracturación hidráulica.

Característica	Alta permeabilidad	Baja permeabilidad
Flujo de fluidos	Alto	Bajo
Vida útil del reservorio	Larga	Limitada
Necesidad de estimulación	Baja	Alta

Tabla 28. Comparación entre los reservorios de alta y baja permeabilidad.

Ejemplo: el campo geotérmico de Larderello, en Italia, ha sido explotado de manera sostenible y continua desde el siglo XX gracias a su alta permeabilidad y a una recarga constante de fluido.

2.6.2. Modelos de conducción térmica en reservorios de roca caliente

La conducción térmica es uno de los principales mecanismos de transferencia de calor en la corteza terrestre y juega un papel crucial en la dinámica de los reservorios geotérmicos de roca caliente. En estos sistemas, el calor se propaga a través de la estructura cristalina de los minerales sin requerir el desplazamiento de fluidos, lo que hace que el proceso sea significativamente más lento que la convección. Sin embargo, su importancia radica en la capacidad de almacenamiento térmico de las formaciones geológicas y en su estabilidad a largo plazo.

La eficiencia de la conducción térmica depende de múltiples factores, incluyendo la conductividad térmica de las rocas, la composición mineralógica y la continuidad estructural del material rocoso. Las rocas ígneas como el granito presentan valores más altos de conductividad térmica, mientras que las sedimentarias pueden actuar como aislantes naturales, reduciendo la propagación del calor. Adicionalmente, la presencia de fracturas y discontinuidades en la matriz rocosa puede alterar la distribución del flujo térmico, creando áreas de disipación acelerada o acumulación de calor en determinadas regiones. Este fenómeno es crítico al diseñar estrategias de explotación geotérmica, ya que determina la eficiencia con la que se puede extraer energía de estos reservorios.

2.6.2.1. Dinámica del flujo térmico en sistemas de baja permeabilidad

En los reservorios de roca caliente, la ausencia de fluidos circulantes limita la transferencia de calor a la conducción a través de la matriz rocosa. Este proceso es más lento en comparación con la convección, pero puede ser efectivo en regiones donde el gradiente térmico es alto y la capacidad calorífica de la roca permite un almacenamiento considerable de energía.

Los materiales con alta conductividad térmica, como el granito, facilitan la propagación del calor, mientras que las rocas sedimentarias o de baja densidad reducen la eficiencia del sistema. En estos reservorios, el diseño de pozos geotérmicos y la aplicación de tecnologías de fracturación hidráulica pueden mejorar la extracción de energía térmica, al aumentar la superficie de contacto entre la roca caliente y los fluidos inyectados.

2.6.2.2. Impacto en la producción de energía en yacimientos profundos

Los yacimientos de roca caliente poseen un alto potencial para la generación de energía geotérmica, especialmente en zonas donde los sistemas hidrotermales convencionales son inexistentes o poco eficientes. No obstante, la limitada capacidad de transferencia de calor por conducción y la ausencia de fluidos naturales reducen la viabilidad de su aprovechamiento sin la implementación de tecnologías avanzadas.

Un método clave para explotar estos recursos es el uso de sistemas geotérmicos mejorados (EGS, por sus siglas en inglés), que implican la estimulación artificial de la roca a través de fracturación hidráulica para generar vías de circulación de fluidos y maximizar la transferencia térmica. La implementación de esta tecnología ha sido demostrada en proyectos como el de Soultz-sous-Forêts en Francia, donde se ha logrado incrementar la eficiencia térmica de formaciones rocosas con baja permeabilidad, lo que abre nuevas posibilidades para el aprovechamiento geotérmico en regiones con condiciones similares.

Característica	Reservorios de conducción	Reservorios de convección
Mecanismo principal	Conducción térmica	Circulación de fluidos
Permeabilidad	Baja	Alta
Transferencia de calor	Lenta	Rápida

Tecnología requerida	Sistemas EGS, fracturación hidráulica	Pozos convencionales

Tabla 29. Comparación entre reservorios de conducción y convección.

Nota clave: los sistemas de conducción representan una opción viable para la transición hacia una matriz energética más sostenible, especialmente en regiones con altos gradientes geotérmicos pero sin circulación natural de fluidos.

CAPÍTULO 3

Perforación y desarrollo de pozos geotérmicos

3.1. Recursos geotérmicos

El recurso geotérmico representa una de las manifestaciones más tangibles de la energía interna de la Tierra, acumulada desde su formación y mantenida por procesos radiactivos en el manto y corteza terrestre. Este tipo de recurso se caracteriza por su persistencia temporal, su disponibilidad continua y su ubicación en regiones geológicamente activas o con condiciones tectónicas favorables. La energía geotérmica se origina principalmente por la desintegración de isótopos radiactivos como el uranio-238, el torio-232 y el potasio-40, que liberan calor en la matriz rocosa profunda. Esta fuente primaria de energía se transfiere hacia la superficie mediante conducción y convección a través de materiales geológicos permeables, generando zonas de alta entalpía aprovechables para fines energéticos.

El recurso geotérmico no se limita a la mera existencia de calor bajo la superficie, sino que está condicionado por factores como la accesibilidad, la permeabilidad de las formaciones geológicas, la presencia de fluidos portadores de calor (agua o vapor) y la capacidad para ser extraído de manera sostenible. Estos elementos definen la viabilidad del recurso y su transformación en energía útil. Por tanto, un enfoque analítico requiere considerar el gradiente geotérmico regional, la conductividad térmica de los estratos rocosos y la presión litostática, factores que influyen directamente en el diseño de sistemas de extracción y conversión.

> **Nota clave:** no todo el calor que hay bajo la superficie terrestre puede considerarse un recurso geotérmico explotable. Es imprescindible que cumpla con criterios de concentración energética, accesibilidad tecnológica y sustentabilidad.

El estudio de los recursos geotérmicos requiere integrar disciplinas como la geofísica, la geoquímica y la hidrogeología. Estas ciencias permiten caracterizar la naturaleza del reservorio, determinar su extensión y profundidad, y establecer los parámetros termodinámicos que permiten modelar el comportamiento del sistema durante su explotación. Por ejemplo, métodos como la resistividad eléctrica, la magnetotelúurica y la sísmica de refracción permiten identificar anomalías térmicas en la corteza. A su vez, el análisis isotópico de los fluidos termales proporciona información sobre su origen, recarga y tiempo de residencia.

Uno de los aspectos fundamentales al analizar un recurso geotérmico es su densidad de flujo de calor, definida como la cantidad de energía calórica que atraviesa una unidad de área por unidad de tiempo. Esta magnitud, expresada en mW/m^2, permite comparar el potencial geotérmico entre distintas regiones geográficas. A nivel global, el valor promedio de flujo de calor terrestre se estima en 87 mW/m^2, aunque en zonas de actividad volcánica puede superar los 200 mW/m^2. Esta heterogeneidad espacial condiciona la explotación del recurso.

Región geográfica	Flujo de calor promedio (mW/m²)	Característica tectónica principal
Cinturón de Fuego del Pacífico	>200	Subducción de placas oceánicas
Rift de Afar (Etiopía)	~150	Divergencia continental
Islandia	>250	Punto caliente y dorsales
Andes Centrales (Perú, Chile)	~180	Subducción continental

Tabla 30. Regiones con alto potencial geotérmico basado en el flujo de calor.

> **Nota clave:** la actividad tectónica es un indicador directo de la presencia de recursos geotérmicos de alta entalpía.

Desde el punto de vista termodinámico, un sistema geotérmico puede entenderse como una estructura de transferencia de calor, en estado cuasi estacionario, donde la energía fluye desde zonas de alta temperatura hacia zonas de menor temperatura. Este gradiente impulsa el movimiento de fluidos hidrotermales, que actúan como medios de transporte de energía. El análisis exergético de estos sistemas permite cuantificar la fracción de energía útil que puede transformarse en trabajo mecánico o eléctrico. Esta evaluación es esencial para determinar su eficiencia.

Una forma simplificada de representar la disponibilidad de recurso geotérmico es mediante el *diagrama de acceso al calor (heat in place),* donde se estima la cantidad total de energía térmica contenida en un volumen de roca por medio de la ecuación:

$$Q = V \cdot \rho \cdot c \cdot (T_r - T_s) \ (3.1)$$

Donde:

Q es la cantidad total de calor (J),

V es el volumen del reservorio (m³),

ρ es la densidad de la roca (kg/m³),

c es la capacidad calorífica específica (J/kg·K),

T_r es la temperatura del reservorio (K) y

T_s es la temperatura superficial (K).

Este modelo permite estimar de forma inicial el potencial de un recurso geotérmico, aunque debe complementarse con análisis de recuperabilidad y sostenibilidad para su aplicación real.

En la actualidad, existen proyectos en desarrollo que combinan tecnologías avanzadas, como la perforación direccional, la fracturación hidráulica en reservorios secos o EGS *(Enhanced Geothermal Systems)* y las simulaciones numéricas de flujo y el transporte de calor para optimizar la explotación de los recursos. Un caso destacado es el proyecto FORGE (Frontier Observatory for Research in Geothermal Energy) en Utah, Estados Unidos, donde se experimenta con sistemas geotérmicos estimulados artificialmente.

Nota clave: la combinación de modelado geotérmico y tecnologías de perforación avanzada está redefiniendo la frontera de la explotabilidad del recurso geotérmico.

Por último, es importante distinguir entre *recurso geotérmico* y *reserva geotérmica*. El primero hace referencia al volumen total de energía disponible, mientras que la reserva corresponde a la fracción explotable técnica y económicamente en un horizonte temporal determinado. Esta diferenciación es clave para la planificación energética nacional y para el diseño de proyectos de generación eléctrica o calefacción urbana basada en geotermia.

Este marco conceptual permite establecer prioridades de inversión, asignar subsidios a la investigación aplicada y diseñar estrategias de explotación racional que minimicen el impacto ambiental y maximicen la eficiencia termodinámica del sistema.

3.2. Definición y clasificación de los recursos geotérmicos

Los recursos geotérmicos pueden definirse como acumulaciones de calor terrestre que, en condiciones adecuadas, pueden ser aprovechadas por medios tecnológicos para generar energía útil, ya sea eléctrica o térmica. Esta definición integra factores geológicos, termodinámicos e ingenieriles, estableciendo que no todo reservorio subterráneo con temperatura elevada constituye un recurso energético viable. La distinción entre recurso y reserva es clave: mientras el primero representa el volumen total de energía térmica presente, la reserva corresponde a la fracción que puede ser explotada de forma económica, técnica y ambientalmente sostenible.

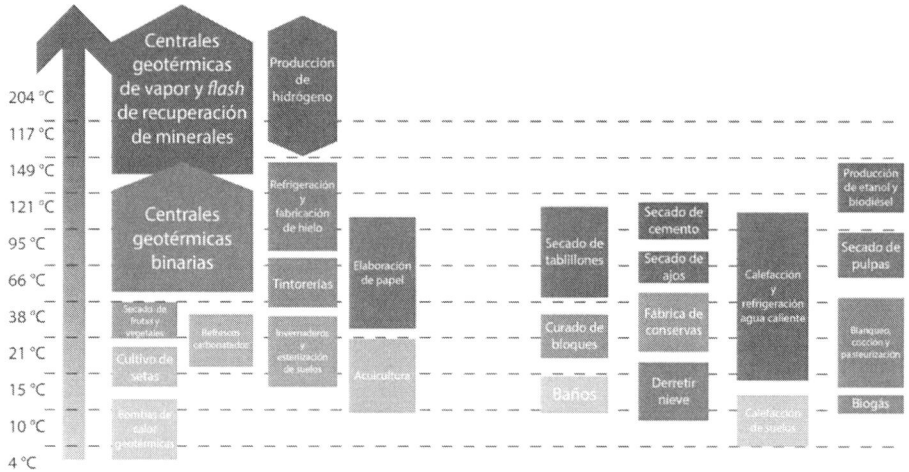

Figura 3.1. Clasificación de aplicaciones de la energía geotérmica según la temperatura.

La clasificación de los recursos geotérmicos se realiza según diversos criterios, como el estado físico del fluido portador, la temperatura del sistema, la estructura geológica del reservorio o el grado de confinamiento del calor. Estas taxonomías no son excluyentes entre sí, sino que permiten una descripción multifactorial del recurso. Desde un enfoque operativo, la clasificación más empleada en la ingeniería geotérmica es aquella basada en la entalpía, medida en kJ/kg, la cual se correlaciona directamente con el potencial energético aprovechable.

Tipo de recurso	temperatura (°C)	Entalpía estimada (kJ/kg)	Aplicación típica
Alta entalpía	>180	>800	Generación eléctrica con vapor seco
Media entalpía	100-180	400-800	Ciclos binarios, calefacción urbana
Baja entalpía	<100	<400	Usos directos (balnearios, invernaderos)

Tabla 31. Clasificación de recursos geotérmicos según su entalpía.

Nota clave: la entalpía es un parámetro fundamental para dimensionar la capacidad de transformación energética del sistema geotérmico.

Otra clasificación relevante distingue entre recursos geotérmicos hidrotermales y recursos geotérmicos de roca seca caliente (*hot dry rock, HDR*). Los primeros involucran la existencia de un medio poroso o fracturado con presencia de fluido (agua o vapor) que actúa como vector térmico. Los sistemas HDR, por el contrario, carecen de fluido natural, requieren tecnologías de fracturación y circulación artificial para extraer el calor. En la actualidad, los recursos HDR constituyen un campo de investigación intensiva por su alto potencial latente.

Desde el punto de vista estructural, los sistemas geotérmicos pueden ser clasificados como confinados, semiconfinados o abiertos, según el grado de aislamiento del reservorio respecto al entorno hidrológico. Esta clasificación es crucial para estimar la recarga natural del sistema, su sostenibilidad a largo plazo y la posibilidad de reinyección del fluido extraído. Los sistemas confinados, por ejemplo, requieren estrategias de manejo más estrictas para evitar su agotamiento térmico.

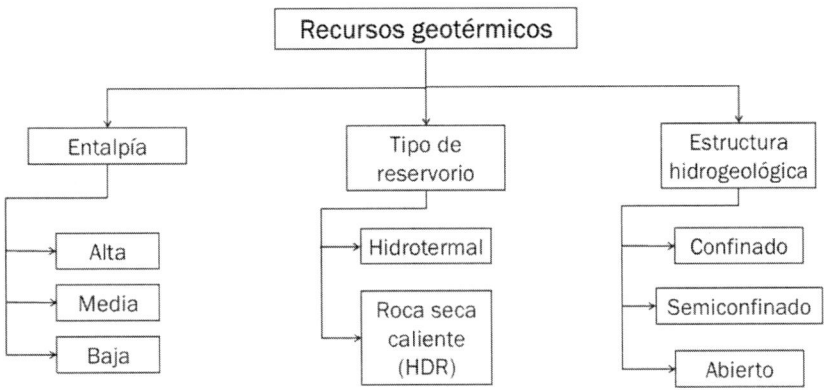

Figura 3.2. Clasificación multifactorial de los recursos geotérmicos.

Nota clave: una clasificación integral del recurso permite una mejor adaptación tecnológica y una mayor eficiencia en la explotación.

Existe también una categoría emergente de recursos denominada sistemas geotérmicos mejorados o *Enhanced Geothermal Systems* (EGS), en los cuales se crea una red artificial de fracturas para facilitar la circulación del fluido. Esta tecnología es especialmente útil en zonas con gradiente geotérmico elevado pero sin acuíferos naturales. El desarrollo de EGS requiere un conocimiento avanzado de la mecánica de la rocas, de termohidrodinámica y de simulación numérica, ya que implica diseñar sistemas térmicamente sostenibles en condiciones de alta presión y temperatura.

Un ejemplo paradigmático de aplicación de EGS es el proyecto de Soultz-sous-Forêts en Francia, donde se alcanzaron temperaturas superiores a 200 °C a profundidades de entre 4 y 5 km, lo que permitió la generación eléctrica mediante un sistema binario. Este tipo de proyecto marca la transición entre los recursos convencionales y los sistemas geotérmicos avanzados.

En la clasificación de recursos es indispensable considerar la relación entre el recurso térmico y la infraestructura requerida para su explotación. Mientras que los recursos de baja entalpía pueden ser aprovechados mediante bombas de calor geotérmicas o sistemas de calefacción directa, los de alta entalpía exigen plantas de generación eléctrica con circuitos de vapor o fluidos orgánicos en ciclos Rankine.

> **Nota clave:** la tecnología de aprovechamiento debe estar alineada con la tipología del recurso, para garantizar la eficiencia y la viabilidad

Finalmente, la definición y clasificación de los recursos geotérmicos no es un ejercicio meramente taxonómico, sino una herramienta estratégica para la planificación energética, la estimación de costes de inversión y la evaluación del impacto ambiental. Los modelos más recientes integran la clasificación de recursos con el análisis de ciclo de vida (LCA) y el concepto de exergía neta recuperable, lo cual permite comparar objetivamente distintas fuentes energéticas bajo criterios de sostenibilidad.

3.3. Yacimientos geotérmicos según su temperatura

La temperatura en un yacimiento geotérmico actúa como parámetro termodinámico determinante para establecer su capacidad de conversión energética y su integración tecnológica. Esta magnitud, que depende del gradiente geotérmico local y de las propiedades térmicas del medio, permite identificar el tipo de aplicación factible (eléctrica, térmica o mixta) y el ciclo termodinámico más eficiente. Los perfiles térmicos, medidos a través de pozos de sondeo o estimados mediante modelos de transferencia de calor, permiten estimar la exergía potencial del sistema. Así, la categorización de los yacimientos según su temperatura (muy baja, baja, media y alta) responde no solo a criterios descriptivos, sino también funcionales, al vincularse con umbrales tecnológicos de operación. Cada rango térmico se asocia a condiciones geológicas específicas, desde acuíferos someros en cuencas sedimentarias hasta reservorios de contacto magmático. Esta clasificación es esencial para el dimensionamiento de los sistemas de extracción, la evaluación de la vida útil del recurso y la selección de materiales resistentes a condiciones térmicas específicas.

3.3.1. Yacimientos de muy baja temperatura (<30 °C)

Los sistemas de muy baja temperatura se desarrollan en formaciones someras del subsuelo con temperaturas inferiores a 30 °C, usualmente a menos de 100 metros de profundidad. Se encuentran en regiones con gradientes geotérmicos cercanos al promedio continental (25–30 °C/km) y están caracterizados por una estabilidad térmica estacional que permite un aprovechamiento continuo. Su valor radica en el bajo diferencial térmico necesario para operar sistemas de climatización pasiva o activa, utilizando bombas de calor geotérmicas acopladas a circuitos cerrados o abiertos. Estos dispositivos, basados en ciclos de compresión de vapor inverso, permiten transferir calor desde el subsuelo hacia la edificación en invierno y viceversa en verano. Alemania, Suecia y Suiza han integrado masivamente esta tecnología en sus edificios residenciales, públicos y comerciales, optimizando su desempeño energético mediante sensores de control térmico y algoritmos de modulación de carga. Desde el punto de vista económico, representan una alternativa de bajo coste operativo y alta eficiencia estacional (coeficiente de rendimiento > 4 en muchos casos), lo que los posiciona como una herramienta clave en estrategias de descarbonización del sector residencial.

> **Nota clave:** a pesar de su baja temperatura, los sistemas geotérmicos someros son altamente eficientes por su estabilidad térmica estacional y su bajo impacto ambiental.

3.3.2. Yacimientos de baja temperatura (30 – 100 °C)

Los yacimientos de baja temperatura, con un rango térmico comprendido entre 30 y 100 °C, se desarrollan en zonas geológicas de actividad moderada, donde el gradiente geotérmico alcanza valores intermedios. Estos sistemas se encuentran frecuentemente en cuencas sedimentarias profundas, donde la circulación lenta del agua subterránea permite la acumulación progresiva de calor. A nivel operativo, su principal atractivo radica en la posibilidad de implementar soluciones energéticas térmicas descentralizadas con costes relativamente bajos. Entre sus usos más frecuentes destacan la calefacción de espacios agrícolas (invernaderos), los procesos industriales de secado, los sistemas de balneoterapia y las redes de calefacción urbana en ciudades de clima frío. A diferencia de los sistemas de mayor entalpía, estos yacimientos no requieren materiales de alta resistencia térmica ni infraestructura compleja, lo cual reduce significativamente los costes de perforación y mantenimiento. Además, su viabilidad técnica se potencia mediante tecnologías de intercambio térmico indirecto, que optimizan la transferencia de calor sin comprometer la calidad del acuífero. Hay algunos países, como Hungría, Turquía y Eslovenia, que han desarrollado modelos de explotación sostenibles basados en este tipo de recurso, lo que demuestra que es útil como pilar de transición energética en los sectores no eléctricos.

> **Nota clave:** este tipo de yacimiento tiene una alta densidad de aprovechamiento energético local. Se considera ideal para sistemas energéticos descentralizados.

3.3.3. Yacimientos de media temperatura (100 – 180 °C)

Los yacimientos de media temperatura, que presentan un rango térmico entre 100 y 180 °C, se caracterizan por contener agua caliente presurizada en formaciones geológicas con permeabilidad intermedia. Estos reservorios son especialmente adecuados para su integración en ciclos Rankine orgánicos (ORC), que emplean fluidos de trabajo con bajo punto de ebullición, lo cual permite la generación de electricidad incluso a temperaturas donde el vapor de agua no sería eficiente. Si bien la eficiencia térmica de estos sistemas está limitada por la segunda ley de la termodinámica, la ventaja radica en la posibilidad de aprovechar simultáneamente el calor residual para calefacción o procesos industriales, lo que mejora el rendimiento energético global del sistema. Además, permiten un diseño modular y descentralizado que reduce las pérdidas por transporte de energía. Un ejemplo notable es el campo de Chena Hot Springs, en Alaska, donde se ha logrado una sinergia entre generación eléctrica y calefacción local, con un sistema ORC optimizado para operar a bajas temperaturas ambientales, lo que lo convierte en un modelo replicable en climas fríos con recursos térmicos moderados.

> **Nota clave:** los sistemas de media temperatura permiten la hibridación con otras fuentes térmicas renovables, como la solar térmica, para optimizar su rendimiento estacional.

3.3.4. Yacimientos de alta temperatura (>180 °C)

Los yacimientos de alta temperatura, definidos por temperaturas superiores a 180 °C, se encuentran predominantemente en contextos geodinámicos activos, tales como zonas de subducción, arcos volcánicos y dorsales oceánicas emergidas. Estos sistemas están asociados a cuerpos magmáticos recientes que actúan como fuentes de calor latente y generan gradientes geotérmicos que superan los 80 °C/km. La estructura del reservorio suele estar compuesta por rocas fracturadas de alta permeabilidad, a menudo recubiertas por capas sellantes que permiten la acumulación de vapor a presiones elevadas. El fluido geotérmico resultante puede hallarse en estado de vapor seco (como en Larderello, Italia) o vapor saturado (como en Cerro Prieto, México), lo que permite su uso directo en turbinas de vapor mediante ciclos Rankine convencionales. La eficiencia termodinámica de estos sistemas puede incrementarse mediante estrategias de reinyección del condensado y optimización del flujo de producción. Sin embargo, su explotación intensiva exige un monitoreo constante de la presión del reservorio, la mineralogía de las incrustaciones y la evolución térmica del campo, debido al riesgo de declinación prematura. Estos yacimientos constituyen la base de los desarrollos geotérmicos de mayor capacidad instalada a nivel mundial.

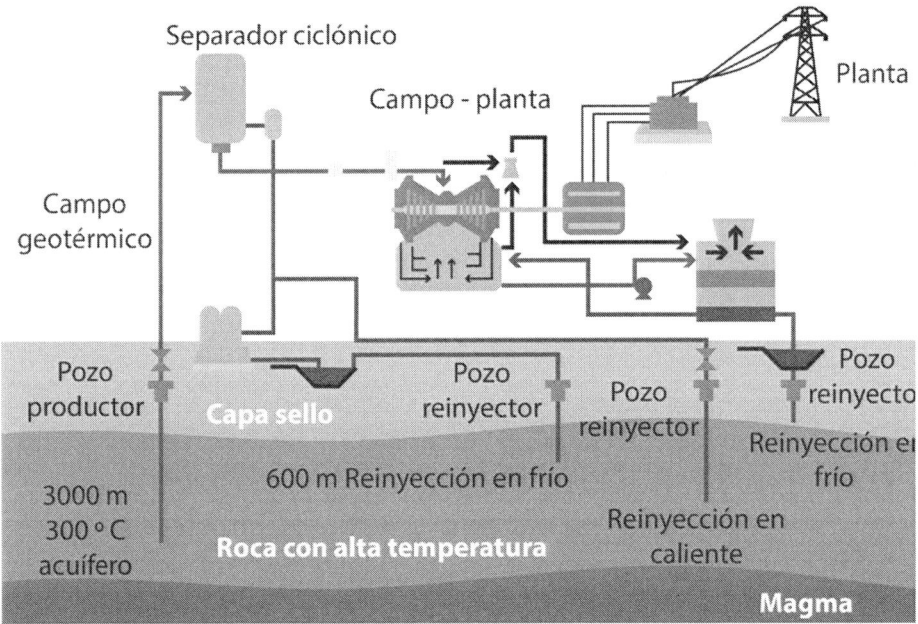

Figura 3.3. Generación eléctrica por medio de yacimiento de alta temperatura.

> **Nota clave:** estos sistemas requieren una gestión avanzada del reservorio para evitar su declinación térmica acelerada por sobreexplotación

3.3.5. Comparación técnica de yacimientos según temperatura

Tipo de yacimiento	Rango de temperatura (°C)	Estado del fluido predominante	Aplicación principal
Muy baja temperatura	<30	Agua templada	Bombas de calor geotérmicas
Baja temperatura	30 - 100	Agua caliente	Usos térmicos directos, calefacción agrícola
Media temperatura	100 - 180	Agua caliente a presión	ORC, calefacción urbana
Alta temperatura	>180	Vapor seco o saturado	Generación eléctrica directa

Tabla 32. Clasificación de los yacimientos geotérmicos según la temperatura.

3.3.6. Consideraciones tecnológicas y ambientales

El comportamiento del fluido geotérmico varía según la temperatura. En sistemas de alta temperatura, el contenido de sílice y gases corrosivos (CO_2, H_2S) requiere equipos resistentes y estrategias de mitigación para evitar incrustaciones. En cambio, los sistemas de baja y muy baja temperatura presentan menos desafíos técnicos, pero requieren mayor volumen de extracción para satisfacer demandas energéticas equivalentes.

Para caracterizar estos yacimientos, se utilizan métodos indirectos como la geotermometría química (sílice, Na-K, Na-K-Ca), los registros de temperatura y la presión en los pozos, y las simulaciones numéricas de transporte de calor y masa. Estas técnicas permiten diseñar estrategias sostenibles de explotación y evitar la sobrecarga del acuífero térmico.

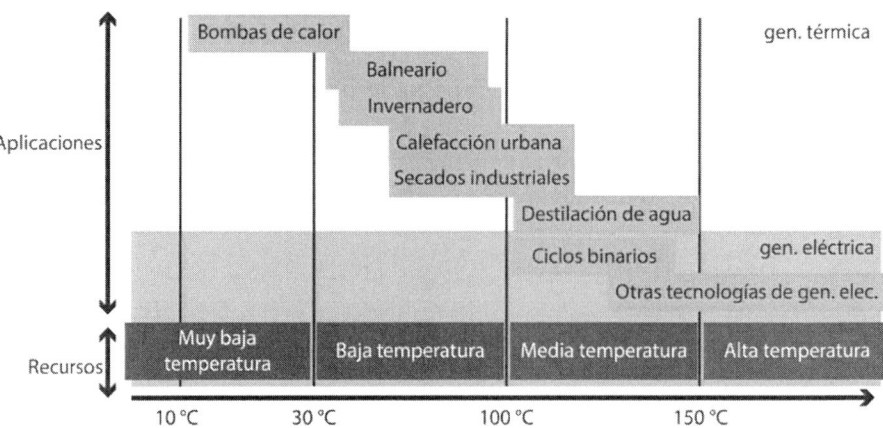

Figura 3.4. Relación entre la temperatura, la profundidad y la aplicación tecnológica.

El conocimiento detallado de la temperatura del reservorio, en conjunto con parámetros como la permeabilidad, el volumen disponible y la tasa de recarga, permite estimar la exergía disponible y planificar su aprovechamiento eficiente. Esta visión integral fortalece la planificación energética sostenible, la transición hacia energías limpias y la implementación de sistemas híbridos.

> **Nota clave:** una correcta clasificación térmica del yacimiento geotérmico es esencial para definir la tecnología de conversión, la vida útil del proyecto y su rentabilidad económica.

CAPÍTULO 4

Tecnologías de generación de energía geotérmica

4.1. Principios de conversión de energía térmica

La conversión de energía térmica en energía mecánica o eléctrica constituye el eje central de las tecnologías de generación geotérmica. Este proceso se basa en principios de la termodinámica aplicados a sistemas reales, donde el calor contenido en reservorios subterráneos se convierte en trabajo aprovechable mediante ciclos de conversión cerrados o abiertos. La eficiencia y la factibilidad de este proceso están condicionadas por variables como la temperatura del fluido geotérmico, la presión, el tipo de fluido portador (agua líquida o vapor), la conductividad térmica del entorno geológico y el diseño del sistema de transferencia de calor. A diferencia de otras fuentes renovables, la geotermia ofrece una disponibilidad constante del recurso, lo que permite operar plantas en *base-load,* es decir, con un suministro continuo y predecible.

El fundamento de la conversión térmica reside en el principio de conservación de la energía (primera ley de la termodinámica) y en la calidad energética del calor (segunda ley). El calor extraído desde el subsuelo, al atravesar un intercambiador térmico, transfiere su energía a un fluido de trabajo que, al cambiar de fase o aumentar su presión, acciona una turbina acoplada a un generador eléctrico. Esta transformación implica pérdidas irreversibles debidas a la entropía generada en los procesos de transferencia, fricción interna y disipación térmica.

Nota clave: la eficiencia térmica está limitada teóricamente por la eficiencia de Carnot, definida como:

$$\eta = 1 - \frac{T_i}{T_f}$$

Donde:

T_i es la temperatura absoluta de entrada y

T_f es la temperatura absoluta de salida.

El rendimiento efectivo de una planta geotérmica depende no solo de su temperatura de operación, sino también del diseño del ciclo termodinámico, la selección adecuada del fluido de trabajo, y la minimización de las irreversibilidades. En sistemas de alta temperatura (>180 °C) es posible utilizar directamente vapor geotérmico en turbinas de acción o de reacción. En contraste, en sistemas de media y baja temperatura se requiere un ciclo cerrado con fluidos orgánicos o mezclas amoniacales para maximizar la exergía.

Fluido de trabajo	Rango térmico (°C)	Presión operativa (bar)	Tipo de ciclo	aplicación principal
Vapor de agua	>180	6 - 20	Rankine directo	Plantas de vapor seco
Isobutano	80 - 160	5 - 10	Rankine orgánico	Ciclo binario (ORC)

Amoniaco-agua	100 - 200	10 - 20	Ciclo Kalina	Alta eficiencia, baja temp.

Tabla 33. Comparación de fluidos de trabajo típicos en geotermia.

> **Nota clave:** la selección del fluido de trabajo afecta directamente a la presión de diseño del sistema, los materiales requeridos y la eficiencia global.

En los sistemas geotérmicos, la fuente de calor puede clasificarse en hidrotermal (acuíferos con fluido caliente), petrotermal (roca seca caliente) o sistemas mejorados (EGS). En todos los casos, el diseño del sistema de extracción y conversión requiere un análisis detallado del gradiente geotérmico, la conductividad térmica de la roca y la presencia de fallas o fracturas que faciliten la circulación del fluido.

Para maximizar la eficiencia, los sistemas actuales incorporan estrategias como la reinyección del fluido enfriado al reservorio, la recuperación de calor residual en intercambiadores secundarios y el control de presiones para evitar pérdidas por *flashing* prematuro. Asimismo, el aislamiento térmico de tuberías y la utilización de turbinas de geometría variable permiten mejorar la conversión incluso en condiciones fluctuantes de presión y temperatura.

La selección tecnológica del sistema de conversión también debe considerar factores económicos, regulatorios y ambientales. Las plantas con ciclos simples presentan menores costes de capital, pero también menor eficiencia; en cambio, los ciclos compuestos o con recuperadores permiten un mejor aprovechamiento del calor disponible, aunque requieren una inversión mayor y mayor complejidad operativa. El análisis exergético, combinado con estudios de viabilidad económica y evaluación del ciclo de vida (LCA), permite establecer un criterio integral de selección.

4.2. Ciclos termodinámicos aplicados a la geotermia

Los ciclos termodinámicos constituyen la base fundamental para la conversión de energía térmica en energía mecánica y, posteriormente, en energía eléctrica en las plantas geotérmicas. Cada tipo de ciclo representa un modelo idealizado del comportamiento real de los sistemas energéticos, considerando las propiedades termodinámicas de los fluidos de trabajo, las condiciones de presión y temperatura, así como la arquitectura de los equipos involucrados (turbinas, intercambiadores, condensadores). En el caso de la geotermia, la elección del ciclo termodinámico adecuado no depende exclusivamente del potencial térmico disponible, sino también de la calidad del recurso, la composición geoquímica del fluido, la exergía recuperable y las condiciones económicas del entorno.

Los tres principales ciclos aplicados en los sistemas geotérmicos son el ciclo de Rankine tradicional (utilizado principalmente con vapor de agua), el ciclo Rankine orgánico (ORC) y el ciclo Kalina (amoniaco-agua). Cada uno de ellos presenta características particulares de eficiencia, complejidad de diseño y aplicabilidad según la temperatura y la naturaleza del recurso geotérmico.

4.2.1. Ciclo de Rankine aplicado a la geotermia

El ciclo de Rankine es el ciclo termodinámico clásico para la generación de energía eléctrica a partir de vapor. En las aplicaciones geotérmicas, este ciclo se adapta para utilizar vapor extraído directamente de yacimientos de alta temperatura (>180 °C). El vapor geotérmico se introduce directamente en una turbina, donde expande y realiza trabajo. Luego es condensado y reinyectado al reservorio o descartado.

Una de las ventajas de este ciclo en geotermia es su simplicidad técnica y su robustez operativa. Sin embargo, presenta una eficiencia limitada cuando la temperatura del recurso disminuye, debido a la reducción del diferencial de temperatura que condiciona la eficiencia de Carnot. Además, el vapor geotérmico puede contener impurezas como sílice o gases disueltos (CO_2,

H$_2$S), que generan corrosión e incrustaciones en los componentes del sistema.

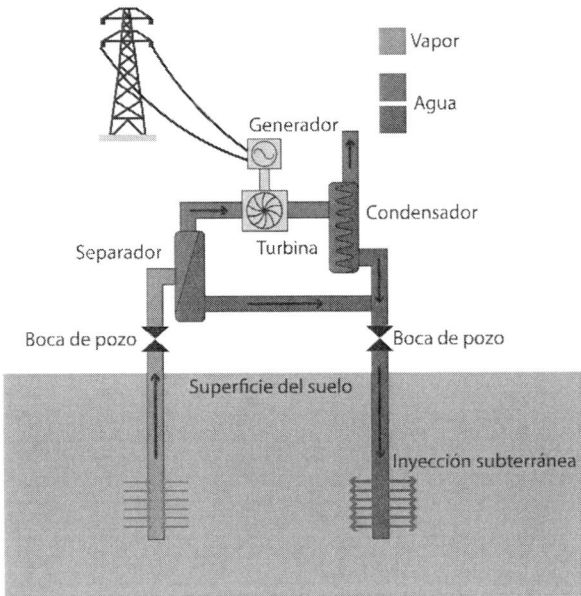

Figura 4.1. Esquema de planta geotérmica de vapor seco.

> **Nota clave:** la eficiencia real de una planta de ciclo Rankine geotérmico oscila entre el 10% y el 17%, dependiendo del grado de saturación y la presión del vapor de entrada.

4.2.2. Ciclo de Rankine orgánico (ORC)

El ciclo ORC es una variante del ciclo Rankine que utiliza fluidos orgánicos como isobutano, isopentano o refrigerantes sintéticos en lugar de agua. Estos fluidos poseen un punto de ebullición más bajo, lo que los hace especialmente adecuados para operar en condiciones de media y baja temperatura (80-180 °C), cuando el uso de vapor de agua resultaría ineficiente.

Este tipo de ciclo se implementa típicamente en plantas de ciclo binario, donde el fluido geotérmico transfiere su calor a través de un intercambiador al fluido orgánico, sin contacto directo. Esto reduce significativamente los problemas de corrosión e incrustación, y permite operar en un sistema completamente cerrado. La eficiencia térmica es menor que en ciclos de alta temperatura, pero puede optimizarse mediante el uso de recuperadores de calor y múltiples etapas de evaporación y condensación.

Característica	Ciclo Rankine	Ciclo ORC
Fluido de trabajo	Agua/vapor	Orgánico (R245fa, etc.)
Rango térmico operativo	>180 °C	80 - 180 °C
Tipo de planta	Vapor seco, flash	Ciclo binario
Eficiencia térmica promedio	10-17%	8-15%
Complejidad operativa	Media	Alta (control de presiones y recuperación)

Tabla 34. Comparación entre el ciclo Rankine y el ORC en geotermia.

> **Nota clave:** la adaptabilidad del ORC lo convierte en la opción preferente para proyectos geotérmicos distribuidos en regiones sin actividad volcánica.

4.2.3. Ciclo Kalina

El ciclo Kalina emplea una mezcla variable de amoniaco y agua como fluido de trabajo, lo cual permite un mejor acoplamiento entre el perfil térmico del recurso geotérmico y la curva de temperatura del fluido durante los procesos de evaporación y condensación. Esta característica se traduce en una mayor eficiencia de transferencia de calor, especialmente en rangos de temperatura intermedia (100-200 °C).

El diseño del ciclo Kalina es más complejo que el ORC, ya que implica el control preciso de la composición de la mezcla amoniacal, la presión de operación y el equilibrio termodinámico entre las fases. No obstante, se han reportado eficiencias térmicas superiores al 15%, con mejoras significativas en el aprovechamiento de calor residual. Su aplicación sigue siendo limitada, debido a los altos costes de instalación, los requerimientos de materiales resistentes al amoniaco y la necesidad de sistemas avanzados de control.

Hay ejemplos notables de implementación del ciclo Kalina en Islandia y Japón, donde ha sido utilizado en plantas de baja y media entalpía con resultados prometedores.

> **Nota clave:** la termodinámica del ciclo Kalina permite una curva de transferencia de calor más ajustada al perfil del recurso, reduciendo irreversibilidades y pérdidas exergéticas.

En conjunto, la selección del ciclo termodinámico en los sistemas geotérmicos debe responder a una estrategia de optimización técnico-económica que incluya el análisis exergético, el análisis del ciclo de vida (LCA) y la adaptabilidad a las condiciones locales. El uso de modelos de simulación numérica, como los proporcionados por *software* especializado (por ejemplo, Thermoflex, Aspen HYSYS, o EES), permite evaluar con precisión la eficiencia de cada configuración en escenarios de operación variables.

4.3. Plantas geotérmicas de vapor seco

Las plantas geotérmicas de vapor seco representan la tecnología más antigua y directa para la generación de electricidad a partir de recursos geotérmicos. Este tipo de planta aprovecha directamente el vapor extraído del subsuelo, sin requerir procesos intermedios de separación de fases ni intercambiadores térmicos. El vapor geotérmico se conduce desde los pozos hasta una turbina, donde se expande y genera trabajo mecánico, el cual acciona un generador eléctrico. Esta configuración sencilla permite una conversión rápida y eficiente de la energía térmica en energía eléctrica, siempre que se disponga de un yacimiento con las condiciones adecuadas.

Para que una planta de vapor seco funcione correctamente, el reservorio debe proporcionar vapor sobrecalentado o seco saturado, con temperaturas que superen los 200 °C y presiones del orden de 7 a 20 bar. Estas condiciones geotérmicas no son comunes, lo que limita la aplicabilidad de este tipo de planta a zonas con actividad volcánica reciente y un gradiente geotérmico anómalo. Adicionalmente, el vapor debe contener bajas concentraciones de impurezas, especialmente sílice y gases disueltos, para evitar incrustaciones y corrosión en la turbina.

> **Nota clave:** las plantas de vapor seco operan con una eficiencia del 15-20% en términos térmicos, pero su principal fortaleza está en su robustez operativa y bajo mantenimiento.

Desde el punto de vista termodinámico, las plantas de vapor seco se benefician de una alta diferencia de entalpía entre la entrada y la salida del vapor en la turbina, lo cual permite una mayor extracción de trabajo mecánico. Sin embargo, la eficiencia global se ve limitada por la necesidad de condensar el vapor tras su paso por la turbina, lo cual representa una pérdida exergética importante. En muchas configuraciones, se utiliza agua de refrigeración en circuitos abiertos o cerrados para facilitar la condensación, lo que introduce requerimientos adicionales de recursos hídricos.

Uno de los casos históricos más emblemáticos de plantas de vapor seco es el campo geotérmico de Larderello, en Italia, donde se instaló la primera planta comercial del mundo en 1913. Este sitio sigue en operación hoy día y ha demostrado una notable estabilidad productiva, gracias a una cuidadosa gestión del reservorio y a estrategias de reinyección. Otro ejemplo destacado es el complejo geotérmico de The Geysers, en California, que representa la mayor instalación de vapor seco del mundo, con una capacidad instalada de más de 900 MW.

Característica	Vapor seco	*Flash* simple	Ciclo binario
Temperatura requerida	>200 °C	180 - 220 °C	80 - 180 °C
Fase del recurso	Vapor seco	Agua líquida + vapor	Agua caliente
Tipo de ciclo	Directo	Separación de fases	Indirecto (intercambiador)
Eficiencia térmica	15 - 20%	10 - 17%	8 - 15%
Requerimientos de tratamiento	Bajos	Moderados	Mínimos

Tabla 35. Comparación de las plantas de vapor seco con otras tecnologías geotérmicas.

> **Nota clave:** a pesar de su eficiencia moderada, las plantas de vapor seco son ideales para la operación *base-load* en las regiones con alta actividad volcánica.

En términos de diseño, estas plantas presentan ventajas como la simplicidad de configuración, una menor necesidad de componentes auxiliares y costes de mantenimiento reducidos. No obstante, su aplicabilidad geográfica es limitada y su eficiencia no puede competir con sistemas binarios avanzados en escenarios de media o baja temperatura. Por ello, su implementación se restringe a nichos específicos donde la disponibilidad del recurso justifique la inversión inicial.

El dimensionamiento de una planta de vapor seco debe considerar aspectos como la tasa de flujo del vapor, la presión de entrada a la turbina, la eficiencia isentrópica de esta y la capacidad de gestión del condensado. El empleo de turbinas multietapa puede mejorar el aprovechamiento energético, aunque incrementa la complejidad técnica y los costes.

Por último, la viabilidad ambiental de estas plantas depende de la correcta gestión de las emisiones difusas de gases no condensables (principalmente CO_2 y trazas de H_2S) y del manejo del condensado para evitar contaminación de acuíferos. En este sentido, las regulaciones ambientales han impulsado el desarrollo de sistemas de monitoreo en tiempo real y la aplicación de técnicas de reinyección profunda.

> **Nota clave:** la tecnología de vapor seco, aunque limitada en su aplicación geográfica, sigue siendo relevante como modelo de referencia en la historia y evolución de la geotermia moderna.

4.4. Plantas geotérmicas de destello *single-flash*

Las plantas geotérmicas de destello *single-flash* representan una de las tecnologías más utilizadas a nivel mundial para la conversión de energía geotérmica en electricidad, especialmente en las regiones con recursos de alta entalpía en estado líquido. A diferencia de las plantas de vapor seco, los sistemas de *flash* simple están diseñados para trabajar con fluidos geotérmicos presurizados en forma de agua caliente que, al ser despresurizados, se expanden y generan vapor. Este vapor es entonces dirigido a una turbina para producir energía eléctrica. El proceso se fundamenta en la termodinámica de cambio de fase y en el aprovechamiento de la entalpía de vaporación del fluido geotérmico.

El principio de funcionamiento de una planta *single-flash* se inicia con la extracción de fluido geotérmico desde pozos profundos a temperaturas típicamente entre 180 y 220 °C. Este fluido es transportado a través de tuberías hasta un separador, donde se reduce la presión rápidamente, lo que provoca la vaporización parcial del agua caliente. El vapor generado se separa del líquido remanente y se dirige hacia la turbina. El líquido restante se reinyecta en el reservorio para mantener la sostenibilidad del yacimiento y evitar la subsidencia del terreno.

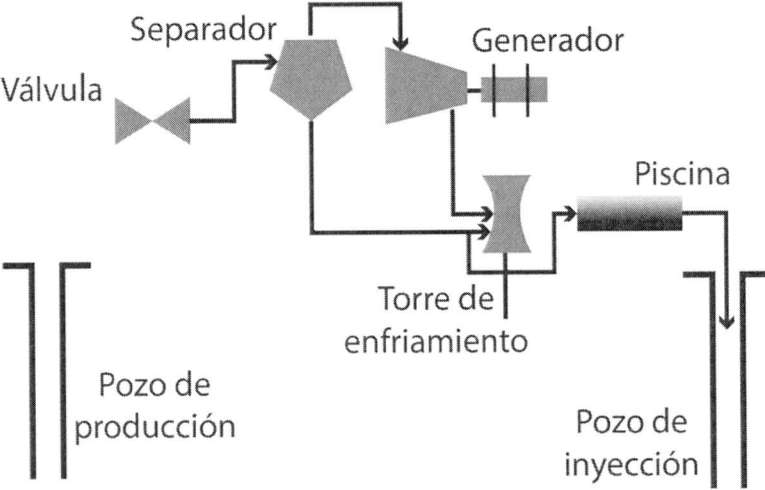

Figura 4.2. Esquema simplificado de una planta *single-flash*.

Nota clave: la eficiencia térmica de una planta *single-flash* oscila entre el 10% y el 17%, y está fuertemente influenciada por la calidad del vapor producido en el separador.

Desde un punto de vista termodinámico, este sistema aprovecha la energía contenida en la entalpía del fluido líquido mediante una reducción adiabática de presión, lo cual desencadena un proceso de destello o *flash* del vapor. Sin embargo, solo una fracción de la energía total del fluido se convierte en vapor aprovechable, el resto se pierde en forma de calor sensible no recuperado del líquido restante. Esto limita su eficiencia comparado con otras tecnologías más avanzadas, como el ciclo binario o el doble *flash*.

Las plantas *single-flash* son técnicamente más complejas que las de vapor seco, ya que requieren componentes adicionales como separadores de vapor, controladores de presión y válvulas de seguridad para manejar la transición de fases. No obstante, son más versátiles desde el punto de vista geológico, ya que permiten aprovechar recursos que no se encuentran en forma de vapor seco, pero que sí contienen alto potencial térmico.

Característica	Single-flash	Vapor seco
Estado del recurso	Agua caliente + vapor	Vapor seco
Temperatura requerida	180 - 220 °C	>200 °C
Complejidad del sistema	Media	Baja
Reinyección obligatoria	Sí	Opcional
Eficiencia térmica	10 - 17%	15 - 20%

Tabla 36. Comparación técnica entre las plantas single-flash y de vapor seco.

> **Nota clave:** el principal reto de estas plantas es optimizar el punto de destello, para maximizar la fracción de vapor sin comprometer la estabilidad del yacimiento.

Un ejemplo representativo de esta tecnología es la planta geotérmica de Ahuachapán en El Salvador, que opera con recursos de alta entalpía en fase líquida y utiliza separadores ciclónicos para mejorar la calidad del vapor antes de su ingreso a la turbina. Otro caso relevante es la planta de Olkaria I en Kenia, que combina unidades de single-flash y de ciclo binario para un aprovechamiento más eficiente del recurso.

En cuanto al diseño y la operación, las plantas single-flash deben equilibrar cuidadosamente la presión de separación y la temperatura del fluido para evitar la formación de incrustaciones, especialmente de sílice, en los conductos y equipos. Además, deben considerarse sistemas de manejo de gases no condensables (GNC), como el CO_2 y el H_2S, que pueden afectar la eficiencia de la turbina y generar impactos ambientales si no se controlan adecuadamente.

> **Nota clave:** la adición de sistemas de recuperación de calor residual puede aumentar la eficiencia global del sistema hasta en un 5% adicional.

Finalmente, el futuro de las plantas *single-flash* se encuentra en su hibridación con tecnologías de ciclo binario o en configuraciones de doble *flash,* que permiten una extracción más eficiente del recurso. Esta transición requiere análisis exergéticos detallados, modelado numérico del reservorio y una planificación del ciclo de vida que contemple aspectos económicos, operativos y ambientales a largo plazo.

4.5. Plantas geotérmicas de destello *double-flash*

Las plantas geotérmicas de destello doble o *double-flash* constituyen una evolución tecnológica de los sistemas de destello simple, diseñadas para maximizar la extracción de energía a partir de recursos geotérmicos de alta entalpía en estado líquido. Esta configuración permite una recuperación más eficiente de la fracción de vapor contenida en el fluido geotérmico, mediante dos etapas sucesivas de separación de vapor. El principio operativo se basa en la realización de dos procesos de despresurización adiabática, en los cuales se aprovechan distintas fracciones del vapor generado a diferentes presiones para alimentar turbinas en serie o en paralelo.

El flujo de proceso se inicia con la extracción de agua geotérmica a temperaturas típicas entre 200 y 250 °C. Este fluido, a alta presión, es conducido a un primer separador, donde se reduce su presión y se genera vapor de alta presión que se canaliza hacia la primera etapa de la turbina. El líquido remanente, que aún contiene una cantidad significativa de calor sensible, se somete a una segunda despresurización en un segundo separador, lo que produce vapor de baja presión que se dirige a la segunda etapa de la turbina. Finalmente, el líquido residual se reinyecta en el reservorio geotérmico para conservar la presión del sistema y prolongar su vida útil.

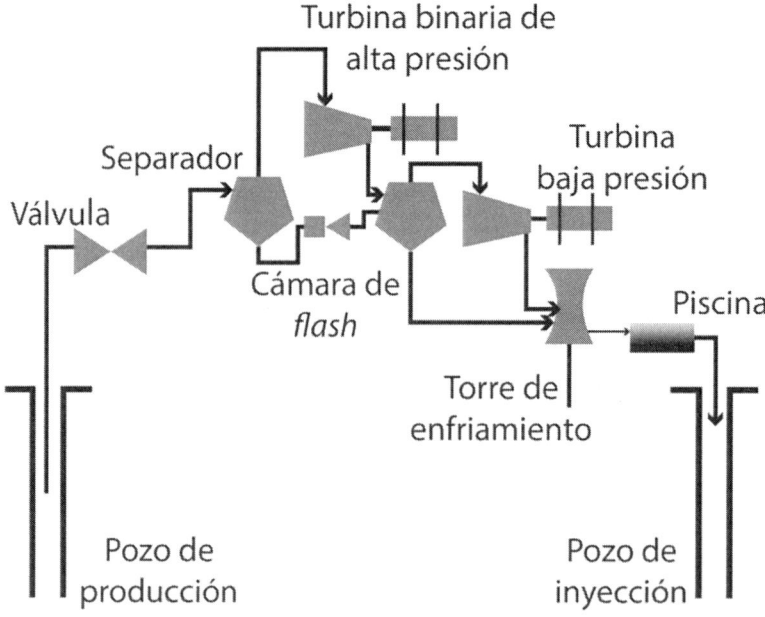

Figura 4.3. Flujo de proceso en planta *double-flash.*

Nota clave: la configuración *double-flash* permite un aprovechamiento adicional del 15-25% del contenido energético del fluido respecto a una planta *single-flash,* con aumentos marginales en complejidad operativa.

Desde un enfoque termodinámico, esta tecnología permite un mejor acoplamiento de las condiciones del recurso con la curva de entalpía-presión del fluido, lo cual disminuye las irreversibilidades asociadas al desaprovechamiento de calor residual. Cada etapa de destello *(flash)* incrementa el porcentaje de vapor extraído por unidad de masa de fluido geotérmico, lo cual se traduce en una mayor generación eléctrica por volumen de agua extraída. Esta eficiencia térmica se encuentra, en promedio, entre el

12% y el 20%, dependiendo de la calidad del recurso y la presión de operación de las etapas.

Característica	Single-flash	Double-flash
Número de separadores	1	2
Rango térmico (°C)	180 - 220	200 - 250
Eficiencia térmica (%)	10 - 17	12 - 20
Complejidad operativa	Media	Alta
Generación eléctrica incremental	Base	+15 a 25%

Tabla 37. Comparación entre plantas single-flash y double-flash.

> **Nota clave:** la eficiencia marginal obtenida en la segunda etapa depende de la relación entre presión de entrada y presión de destello secundaria. Una relación mal optimizada puede generar pérdidas por arrastre de líquido.

El diseño de este tipo de planta requiere un análisis detallado de los parámetros de entrada del recurso: temperatura, presión, caudal y composición geoquímica. La selección de los puntos de destello (presiones de separación) es crítica y puede ser optimizada mediante simulaciones termohidrodinámicas. Además, debe contemplarse el diseño de sistemas de remoción de gases no condensables y el tratamiento del líquido geotérmico para minimizar las incrustaciones y la corrosión.

Desde el punto de vista económico, aunque la inversión inicial en infraestructura es mayor que en sistemas *single-flash,* el incremento en la producción eléctrica compensa la diferencia a medio plazo, especialmente en las regiones con recursos geotérmicos abundantes. Esta relación coste-beneficio ha impulsado la instalación de plantas *double-flash* en países como Nueva Zelanda (planta Wairakei), Indonesia (Dieng) y Filipinas (Mak-Ban).

> **Nota clave:** el mantenimiento preventivo de las plantas *double-flash* es más exigente, especialmente en los componentes de control de presión y válvulas de interconexión, donde se concentran las mayores solicitaciones térmicas y mecánicas.

En cuanto a aspectos ambientales, la doble destilación no genera mayor impacto en las emisiones, pero sí incrementa la necesidad de reinyección eficiente y tratamiento químico del fluido. Por ello, los sistemas *double-flash* modernos suelen integrarse con plantas de neutralización, retención de GNC y reinyección profunda, lo que garantiza la sostenibilidad ecológica del sistema.

4.6. Plantas geotérmicas de ciclo binario

Las plantas geotérmicas de ciclo binario representan una solución tecnológica avanzada para la generación de energía eléctrica a partir de recursos geotérmicos de media y baja entalpía, típicamente en el rango de 80 a 180 °C. A diferencia de los sistemas de vapor seco o destello, estas plantas no utilizan el fluido geotérmico para accionar directamente la turbina. En su lugar, emplean un ciclo cerrado en el que un fluido secundario, con un punto de ebullición mucho menor, se evapora al entrar en contacto con el intercambiador de calor alimentado por el fluido geotérmico. Este vapor secundario es el que impulsa la turbina y, posteriormente, se condensa y recircula.

El principio de funcionamiento se basa en la transferencia de calor entre el fluido geotérmico y el fluido de trabajo (orgánico), generalmente isobutano, isopentano o R245fa. La elección del fluido está condicionada por sus propiedades termodinámicas, como la entalpía de vaporización, la presión de vapor y la temperatura crítica, lo que permite adaptar el sistema a diversas condiciones geotérmicas. Esta flexibilidad hace posible el aprovechamiento de reservorios que, por su baja temperatura, serían inadecuados para otras tecnologías.

> **Nota clave:** en este ciclo, el fluido geotérmico y el fluido orgánico nunca se mezclan, lo que reduce problemas de corrosión e incrustaciones.

Desde una perspectiva termodinámica, las plantas de ciclo binario se basan en variantes del ciclo Rankine orgánico (ORC), cuyo diseño permite una mejor adecuación entre la curva de temperatura del recurso geotérmico y la del fluido de trabajo. Esta coincidencia termodinámica minimiza las irreversibilidades en los procesos de transferencia de calor, aumentando la eficiencia exergética del sistema. Aunque su eficiencia térmica global suele estar entre el 8% y el 15%, este valor puede optimizarse mediante recuperadores, regeneradores y configuraciones de ciclo en cascada.

Tipo de planta	Rango térmico del recurso (°C)	Tipo de fluido	Eficiencia térmica (%)
Vapor seco	>200	Vapor	15 - 20
Flash simple / doble	180 - 250	Agua + vapor	10 - 20
Ciclo binario (ORC)	80 - 180	Fluido orgánico	8 - 15

Tabla 38. Comparación de las tecnologías geotérmicas en función de la temperatura del recurso.

> **Nota clave:** las plantas binarias son las únicas capaces de operar eficientemente con recursos geotérmicos de baja temperatura.

En el diseño de estos sistemas es fundamental optimizar el área del intercambiador de calor, la selección del fluido de trabajo y las condiciones de presión y temperatura en el ciclo secundario. La tasa de transferencia de calor está gobernada por la ecuación:

$$Q = U \cdot A \cdot \Delta T_{lm} \text{ (4.1)}$$

Donde:

Q es la energía transferida,

U es el coeficiente global de transferencia de calor,

A es el área del intercambiador y

ΔT_{lm} es la diferencia de temperatura media logarítmica.

En cuanto a mantenimiento, las plantas de ciclo binario presentan ventajas significativas: su arquitectura cerrada reduce emisiones, el uso de materiales resistentes a fluidos orgánicos disminuye los costes de reemplazo, y el control digital de las válvulas de expansión y bombas de recirculación permite una operación más precisa y eficiente.

Ejemplos notables son la planta geotérmica de Chena Hot Springs en Alaska, que opera con temperaturas del recurso inferiores a 75 °C, y la planta de Las Pailas II en Costa Rica, donde se ha implementado un ciclo binario en combinación con sistemas de *flash* para maximizar la eficiencia de conversión.

> **Nota clave:** la modularidad de los sistemas binarios permite su despliegue en zonas rurales o aisladas, lo cual facilita la electrificación descentralizada.

Finalmente, la tendencia emergente en las plantas de ciclo binario apunta hacia la integración con fuentes térmicas adicionales (como calor residual industrial o solar térmico), lo que da lugar a configuraciones híbridas de generación que elevan la eficiencia global del sistema más allá del 20%. Esta flexibilidad tecnológica convierte al ciclo binario en una herramienta clave para la transición energética hacia una matriz más diversificada y sostenible.

CAPÍTULO 5
Aplicaciones directas del calor geotérmico

5.1. Introducción a los usos directos de la energía geotérmica

El aprovechamiento directo del calor geotérmico constituye una de las aplicaciones más antiguas y eficientes de la energía geotérmica. A diferencia de la generación eléctrica, que requiere temperaturas elevadas y transformaciones termodinámicas complejas, los usos directos emplean el calor del subsuelo de manera inmediata, sin conversión a energía mecánica o eléctrica. Este enfoque permite maximizar la eficiencia exergética del recurso, ya que se reduce la degradación energética asociada a las transformaciones intermedias. Los usos directos incluyen calefacción, refrigeración, procesos industriales, agricultura protegida, acuicultura, balneoterapia y climatización de espacios, entre otros.

> **Nota clave:** la eficiencia exergética en las aplicaciones directas puede superar el 70%, mientras que en la generación eléctrica tradicional con geotermia de alta entalpía raramente supera el 15%.

Este tipo de aprovechamiento depende fundamentalmente de la temperatura y del caudal disponible del fluido geotérmico, así como de su composición geoquímica. Las temperaturas más comunes para uso directo oscilan entre 30 y 150 °C, aunque pueden emplearse temperaturas inferiores si se utilizan bombas de calor geotérmicas. La selección del sistema de intercambio térmico (tuberías, intercambiadores de calor, pozos de reinyección) es crítica, para asegurar la sostenibilidad del recurso y la eficiencia del proceso.

En la clasificación térmica de los recursos geotérmicos, los sistemas de baja entalpía (<150 °C) son los más adecuados para usos directos. En este contexto, la entalpía ($\sum h$) del fluido es un parámetro fundamental, dado que representa la energía interna disponible para ser utilizada. Esta puede expresarse mediante la ecuación:

$$\sum h = u + Pv \ (5.1)$$

Donde:

u es la energía interna por unidad de masa,

P es la presión y

v es el volumen específico.

Esta relación permite determinar la disponibilidad energética de un fluido geotérmico para usos directos.

Uno de los principales beneficios del uso directo es la reducción significativa de las emisiones de gases de efecto invernadero (GEI), al sustituir sistemas basados en combustibles fósiles. Según la Agencia Internacional de Energía Renovable (IRENA), el uso directo del calor geotérmico puede evitar hasta 0,2 toneladas de CO_2 por MWh térmico generado, dependiendo del sistema sustituido. Esta característica convierte a la geotermia en una opción clave para la descarbonización de los sectores térmicos.

Tipo de uso	Rango de temperatura (°C)	Eficiencia estimada (%)	Emisiones evitadas (t CO_2/MWh)
Generación eléctrica	150 - 300	10 - 18	0,1 – 0,3
Calefacción urbana	40 - 120	45 - 70	0,2 – 0,25
Procesos industriales	60 - 150	60 - 75	0,15 – 0,22
Bombas de calor geotérmicas	10 - 30	300 - 500*	0,05 – 0,15
*La eficiencia de las bombas de calor geotérmicas se mide en términos de COP (coeficiente de desempeño), que puede superar 5,0 en los sistemas bien diseñados.			

Tabla 39. Comparación de la eficiencia y las emisiones según el tipo de uso geotérmico.

Nota clave: el uso directo del calor geotérmico no requiere infraestructura de conversión compleja, lo que reduce costes de capital y operación frente a la generación eléctrica.

El uso directo de las aguas termales se remonta a civilizaciones como la romana, la china y las culturas mesoamericanas. Sin embargo, la aplicación moderna se inició formalmente en el siglo XIX, con sistemas de calefacción urbana en Islandia y posteriormente en Boise, Idaho (EE. UU.). Desde entonces, la tecnología ha evolucionado hacia sistemas de distribución térmica urbana *(district heating)*, invernaderos climatizados y aplicaciones industriales integradas.

5.1.1. Clasificación de las aplicaciones directas según la temperatura

La temperatura del recurso geotérmico condiciona de manera directa su aplicabilidad. Se pueden identificar tres categorías térmicas principales para usos directos:

Muy baja temperatura (<30 °C): comúnmente utilizada en bombas de calor geotérmicas para calefacción y refrigeración residencial.

Baja temperatura (30 - 90 °C): adecuada para sistemas de calefacción urbana, invernaderos, acuicultura y procesos de secado.

Media temperatura (90 - 150 °C): aplicable en procesos industriales térmicos, pasteurización, desalación térmica y sistemas de absorción para refrigeración.

> **Nota clave:** los recursos de baja y media entalpía son mucho más abundantes que los de alta entalpía, por lo que su aprovechamiento directo representa una estrategia de masificación del uso geotérmico.

China, Turquía, Islandia, Francia, Hungría y Estados Unidos lideran la aplicación de calor geotérmico directo. En particular, China ha implementado miles de hectáreas de invernaderos geotérmicos, lo que contribuye significativamente a la seguridad alimentaria y a la reducción de la huella carbónica de su producción agrícola.

Finalmente, es importante considerar que el diseño de los sistemas de aprovechamiento directo debe incorporar un análisis de la sostenibilidad hidrogeotérmica. Esto incluye el balance de extracción y reinyección, la gestión de precipitados y gases disueltos, y la compatibilidad de materiales con fluidos geotermales que suelen presentar acidez y composición salina.

5.2. Sistemas de calefacción y refrigeración geotérmica

Los sistemas de calefacción y refrigeración geotérmica representan una de las aplicaciones más eficientes y sostenibles del calor terrestre, aprovechando tanto la geotermia de baja entalpía como la geotermia somera. Estos sistemas se basan en el principio de transferencia de calor entre un edificio o espacio y el subsuelo, cuya temperatura permanece relativamente constante a lo largo del año. Esta estabilidad térmica permite una operación eficaz tanto para calefacción en invierno como para refrigeración en verano, mediante ciclos de intercambio térmico. A diferencia de los sistemas convencionales de climatización, que dependen del aire ambiente y de combustibles fósiles, los sistemas geotérmicos reducen considerablemente el consumo energético y las emisiones de gases contaminantes.

Nota clave: la temperatura del subsuelo a 10-20 metros de profundidad permanece entre 10 y 18 °C durante todo el año, independientemente de las condiciones climáticas superficiales.

En estos sistemas, se emplea un bucle cerrado o abierto que conecta la instalación al subsuelo. En el caso de los sistemas de bucle cerrado horizontal o vertical, se circula un fluido caloportador que intercambia calor con el terreno. En invierno, el calor del subsuelo es captado por el fluido y transferido al edificio; en verano, el proceso se invierte: se extrae calor del interior y se disipa en el subsuelo. Cuando el recurso geotérmico natural está disponible con temperaturas superiores a 30 °C, como en zonas de actividad hidrotermal, se puede utilizar directamente el fluido geotérmico mediante intercambiadores de calor, sin necesidad de bomba térmica.

5.2.1. Principios termodinámicos y coeficiente de desempeño

La eficiencia de los sistemas geotérmicos de climatización se evalúa mediante el coeficiente de desempeño (COP), que representa la relación entre la energía térmica entregada (calor en calefacción o frío en refrigeración) y la energía eléctrica consumida por el sistema. Matemáticamente se expresa como:

$$COP = Q / W \text{ (5.2)}$$

Donde Q es la cantidad de calor transferido (en kWh) y W es el trabajo eléctrico consumido.

En sistemas bien diseñados, el COP puede alcanzar valores de entre 4,0 y 6,0, lo que implica que por cada unidad de energía eléctrica consumida se entregan entre 4 y 6 unidades de energía térmica.

Tipo de sistema	COP promedio
Bomba de calor geotérmica (GSHP)	4,0 – 6,0
Aire acondicionado convencional	2,5 – 3,2
Calefacción eléctrica resistiva	0,95 – 1,0

Tabla 40. Comparación del COP en los sistemas de climatización.

Nota clave: un COP de 5,0 significa una eficiencia del 500%, lo que convierte a los sistemas de bomba de calor geotérmica en una de las tecnologías más eficientes del mercado.

5.2.2. Tecnologías de sistemas geotérmicos para climatización

Existen diversas configuraciones de sistemas geotérmicos de climatización, dependiendo del tipo de recurso y de la disponibilidad de espacio y condiciones hidrogeológicas. Los principales son:

Sistemas de circuito cerrado horizontal: requieren excavaciones superficiales extensas. Son ideales para zonas rurales.

Sistemas de circuito cerrado vertical: utilizan perforaciones profundas (hasta 150 m). Resultan adecuados para entornos urbanos o espacio limitado.

Sistemas de circuito abierto: utilizan directamente el agua de un acuífero como fluido de intercambio y la devuelven al subsuelo.

Sistemas directos con fluido geotérmico: empleados cuando se dispone de fuentes hidrotermales de media entalpía.

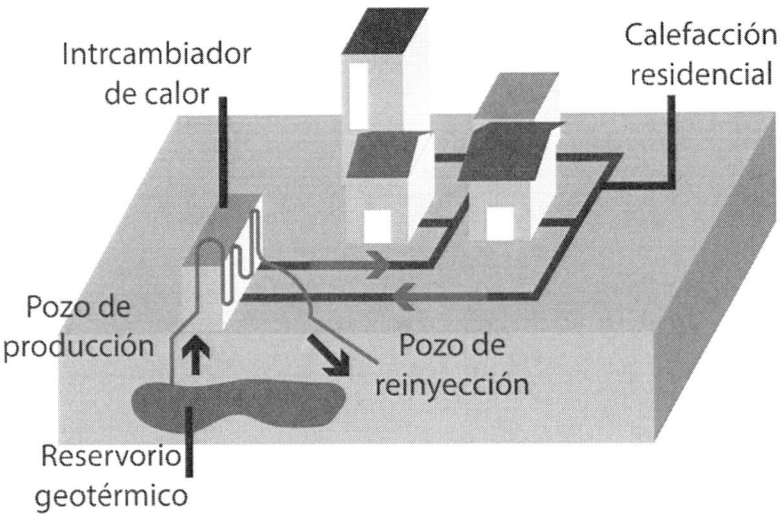

Figura 5.1. Esquema representativo de los sistemas geotérmicos para calefacción.

Cada tecnología presenta ventajas y restricciones técnicas y económicas, por lo que la selección debe realizarse mediante un análisis integral de viabilidad técnica, ambiental y financiera.

Nota clave: el diseño incorrecto del campo geotérmico puede provocar sobreexplotación térmica del terreno, con que se reduce el rendimiento del sistema con el tiempo.

5.2.3. Aplicaciones urbanas, residenciales e industriales

Los sistemas de climatización geotérmica pueden ser utilizados en viviendas unifamiliares, edificios comerciales, hospitales, escuelas e incluso en procesos industriales con requerimientos térmicos moderados. En entornos urbanos, los sistemas verticales de circuito cerrado son altamente valorados por su bajo impacto superficial. En la industria, estos sistemas pueden integrarse en procesos de secado, fermentación o climatización de espacios de manufactura. En proyectos de *district heating and cooling* (DHC), el calor geotérmico se distribuye mediante una red de tuberías a múltiples edificios, optimizando recursos y economías de escala.

Ejemplo: la ciudad de Unterhaching, en Alemania, cuenta con un sistema de calefacción geotérmica que abastece a más de 3000 hogares y evita la emisión de 10 000 toneladas anuales de CO_2.

Nota clave: el *district heating* geotérmico representa una solución clave para ciudades que buscan alcanzar la neutralidad climática en el sector de la edificación.

5.2.4. Retos técnicos y perspectivas futuras

A pesar de sus ventajas, los sistemas de calefacción y refrigeración geotérmica se enfrentan a retos asociados a la inversión inicial, la disponibilidad de información geotécnica y la necesidad de personal capacitado en diseño e instalación. La evaluación precisa de la conductividad térmica del terreno. La hidrogeología local y el dimensionamiento del sistema son fundamentales para garantizar el éxito del proyecto. En la actualidad, la digitalización mediante modelado térmico 3D, los sensores en tiempo real y los algoritmos de optimización energética permiten diseños más precisos y eficientes.

En términos de perspectiva, se espera que la integración de sistemas geotérmicos con energías renovables intermitentes, como la solar y la eólica, incremente su penetración en los mercados urbanos, al ofrecer almacenamiento térmico estacional y estabilidad a la red de climatización.

Nota clave: la geotermia puede actuar como banco de energía térmica para almacenar exceso de calor o frío y liberarlo según demanda, con lo que mejora la resiliencia energética urbana.

5.3. Aplicaciones industriales y agrícolas

El calor geotérmico, en sus formas de baja y media entalpía, ofrece una oportunidad singular para descarbonizar y optimizar procesos en sectores industriales y agrícolas que requieren calor de baja o media temperatura. En la industria, numerosos procesos como el secado, la pasteurización, la evaporación, la destilación, el precalentamiento de fluidos y la limpieza térmica pueden ser alimentados por calor geotérmico. En la agricultura, el uso del calor geotérmico en los invernaderos, el secado de los productos, la acuicultura y la fermentación controlada ha demostrado ser técnica y económicamente viable. Estas aplicaciones no solo aumentan la eficiencia de los procesos, sino que también mejoran la sostenibilidad ambiental de la producción.

Nota clave: el uso de geotermia directa puede reducir los costes energéticos de procesos industriales entre un 30% y un 80%, dependiendo del recurso local y del tipo de aplicación.

5.3.1. Procesos industriales con integración geotérmica

Los procesos industriales que requieren temperaturas entre 50 °C y 150 °C son especialmente adecuados para la integración geotérmica directa. Entre estos destacan el curado de materiales, el lavado de textiles, los procesos de tintura, el lavado y el desengrase metálico, la producción de papel y procesos alimentarios como la pasteurización y la deshidratación. En estos casos, el calor geotérmico se transfiere al proceso mediante intercambiadores de calor, sin contacto directo con el fluido industrial. Esta configuración permite preservar la pureza del producto, evitar contaminaciones cruzadas y controlar de forma precisa las condiciones térmicas.

Ejemplo: en Reykjavik, Islandia, una planta de secado de algas utiliza calor geotérmico para eliminar la humedad de 1000 toneladas anuales de biomasa marina, reduciendo el uso de combustibles fósiles en un 90%.

5.3.2. Aplicaciones agrícolas en invernaderos y postcosecha

La calefacción de invernaderos mediante calor geotérmico permite mantener condiciones de temperatura constantes y adecuadas para el crecimiento vegetal, incluso en regiones de clima frío o con amplitud térmica elevada. Esta aplicación mejora la productividad, la calidad del cultivo y permite cultivar durante todo el año. Además, el secado de los productos agrícolas (frutas, granos, hierbas) puede acelerarse mediante aire caliente generado por geotermia, lo que reduce pérdidas poscosecha y mejora la conservación. Estas aplicaciones son especialmente relevantes en los países con agricultura intensiva y acceso a recursos geotérmicos de baja entalpía.

Proceso agrícola/industrial	Temperatura requerida (°C)
Calefacción de invernaderos	25 - 35
Secado de granos/frutas	45 - 75
Pasteurización de productos	70 - 100
Fermentación controlada	30 - 40
Lavado/desinfección de equipos	60 - 90

Tabla 41. Temperaturas típicas requeridas en los procesos agroindustriales.

5.3.3. Acuicultura y piscicultura geotérmica

La acuicultura intensiva requiere el control preciso de la temperatura del agua para optimizar el crecimiento de peces y crustáceos. El uso de calor geotérmico en los sistemas acuícolas permite mantener rangos térmicos ideales, especialmente en especies tropicales o de crecimiento rápido como la tilapia, el camarón o el bagre. Además de mejorar la tasa de conversión alimenticia, se reduce la mortalidad por choques térmicos y se extiende la temporada de producción. Los sistemas de recirculación térmicamente estabilizados mediante geotermia representan una tecnología emergente con alto potencial de replicabilidad.

Ejemplo: en Costa Rica, varias granjas de tilapia utilizan calor geotérmico de fuentes volcánicas para mantener temperaturas constantes de 28 °C durante todo el año, triplicando la productividad respecto a sistemas convencionales.

> **Nota clave:** la eficiencia de crecimiento en los sistemas acuícolas geotérmicos puede incrementarse hasta un 40% respecto a las condiciones naturales sin control térmico.

5.3.4. Ventajas comparativas frente a las fuentes térmicas convencionales

Comparado con sistemas basados en la combustión de gas, diésel o electricidad, el uso de calor geotérmico reduce drásticamente los costes operativos, la emisión de contaminantes y la dependencia de combustibles importados. La disponibilidad continua y la previsibilidad del recurso geotérmico permiten una planificación eficiente del proceso productivo. En términos de competitividad, la integración de la geotermia puede representar una ventaja estratégica para productores que deseen exportar con certificaciones de bajo impacto ambiental o energía limpia.

> **Nota clave:** en los sistemas agroindustriales, la estabilidad térmica garantiza la calidad homogénea y la continuidad en la cadena de suministro.

5.3.5. Limitaciones y consideraciones de implementación

Si bien las ventajas son sustanciales, la implementación de calor geotérmico en los sectores productivos requiere un estudio detallado de viabilidad hidrogeológica, química y técnica. El diseño de los intercambiadores de calor, la gestión de los residuos del fluido geotérmico (como sólidos disueltos, H_2S o boro) y la compatibilidad con materiales industriales son aspectos clave que considerar. Además, es fundamental que el operador cuente con formación en mantenimiento de sistemas geotérmicos para evitar la corrosión y las incrustaciones.

Nota clave: la viabilidad de una planta industrial geotérmica depende tanto del recurso disponible como de la proximidad al punto de consumo y la integración al proceso productivo existente.

5.4. Uso en balnearios y *spas*

El aprovechamiento del calor geotérmico en balnearios y *spas* constituye una de las aplicaciones más antiguas y culturalmente significativas de la energía geotérmica. Las aguas termales, provenientes de reservorios geotérmicos someros o profundos, han sido utilizadas desde la antigüedad por civilizaciones como la romana, la griega, la china y la japonesa con fines terapéuticos, recreativos y ceremoniales. Actualmente, el uso recreativo y medicinal de las aguas geotermales representa una industria multimillonaria, estrechamente vinculada al turismo sostenible, la medicina alternativa y la valorización de los recursos naturales.

Nota clave: se estima que existen más de 300 centros termales activos en Europa que utilizan aguas geotermales de forma directa, lo cual representa una parte significativa del turismo de salud.

Las aguas geotermales utilizadas en los balnearios presentan temperaturas típicas entre 25 y 80 °C, aunque en algunos casos pueden superar los 100 °C en las regiones de alta actividad volcánica. Además de su valor térmico, estas aguas contienen minerales y compuestos disueltos como sulfatos, carbonatos, cloruros, boro y sílice, lo que les confiere propiedades terapéuticas específicas. En función de su composición química y temperatura, se clasifican en diferentes tipos terapéuticos: sulfuradas, ferruginosas, bicarbonatadas, radiactivas y oligometálicas.

5.4.1. Clasificación hidroquímica y aplicaciones terapéuticas

La utilidad médico-termal de las aguas geotermales se basa en su composición mineral y su capacidad para inducir efectos fisiológicos mediante termoterapia. Por ejemplo, las aguas sulfurosas se emplean para tratar enfermedades dermatológicas y respiratorias; las ferruginosas, para anemias y astenias; y las bicarbonatadas, para trastornos gastrointestinales. La inmersión prolongada en aguas calientes también tiene efectos relajantes y vasodilatadores, lo que contribuye a la recuperación muscular y a la disminución del estrés oxidativo.

Tipo de agua termal	Componente dominante	Temperatura típica (°C)	Aplicación terapéutica principal
Sulfurosa	H_2S	30 - 60	Afecciones cutáneas, vías respiratorias
Bicarbonatada	HCO_3-	25 - 45	Trastornos digestivos
Ferruginosa	Fe_2+/Fe_3+	20 - 40	Anemia, fatiga crónica

| Radiactiva (baja dosis) | Rn (Radón) | 30 - 60 | Reumatismo, artritis |
| Clorurada-sódica | Na+, Cl- | 35 - 75 | Trastornos circulatorios y musculares |

Tabla 42. Clasificación química y propiedades terapéuticas comunes.

Nota clave: el valor terapéutico de un balneario geotérmico se basa tanto en su temperatura como en su composición mineral. Ambos factores determinan su indicación clínica.

5.4.2. Diseño y operación de instalaciones balnearias geotérmicas

El diseño de un centro termal geotérmico requiere un enfoque integral que combine ingeniería sanitaria, arquitectura bioclimática y gestión hidrogeotérmica. Es esencial contar con pozos de captación correctamente dimensionados, intercambiadores de calor que garanticen la transferencia térmica sin contaminación cruzada, y sistemas de regulación de caudal y temperatura. En algunos casos, se recurre a procesos de mezclado para ajustar la temperatura final del agua de baño, evitando escaldaduras o enfriamientos excesivos. Además, deben incluirse sistemas de reinyección para garantizar la sostenibilidad hidrogeológica del acuífero.

Ejemplo: el balneario de Széchenyi, en Budapest, extrae agua a 76 °C desde una profundidad de 1200 m, y opera con un sistema de recirculación y tratamiento continuo que atiende a más de 1,5 millones de visitantes anuales.

Nota clave: la eficiencia del sistema térmico puede mejorarse mediante la recuperación de calor residual en otras áreas del complejo, como duchas, calefacción o piscinas secundarias.

5.4.3. Valor agregado y turismo sostenible

Los centros termales geotérmicos no solo ofrecen beneficios para la salud, sino que también generan impactos económicos positivos mediante el turismo de bienestar. La integración de estos espacios en rutas ecoturísticas, parques naturales y zonas rurales permite valorizar recursos locales y dinamizar las economías regionales. Además, su bajo impacto ambiental y su bajo consumo energético neto los convierten en ejemplos de infraestructura regenerativa. La certificación ecológica de *spas* y balnearios geotérmicos, así como su integración en proyectos de salud integral, están en auge a nivel global.

> **Nota clave:** el turismo termal geotérmico representa una forma concreta de bioeconomía territorial basada en el uso eficiente de la energía y el agua.

5.4.4. Consideraciones hidroquímicas y de salud pública

Es fundamental monitorear constantemente los parámetros fisicoquímicos del agua geotérmica empleada en los balnearios. La presencia de ciertos elementos como el arsénico, el boro o el radón, si bien puede tener valor terapéutico en bajas concentraciones, debe ser regulada por criterios de salubridad. Se aplican normas nacionales e internacionales que determinan los límites máximos permisibles de cada compuesto. El control microbiológico también es esencial, ya que el calor puede favorecer la proliferación de ciertas bacterias como *Legionella,* si no se realiza una desinfección adecuada del sistema.

> **Nota clave:** la normatividad internacional exige análisis periódicos de la calidad del agua geotérmica utilizada en los baños públicos para proteger la salud de los usuarios.

CAPÍTULO 6
Consideraciones ambientales y sostenibilidad

6.1. Evaluación del impacto ambiental de los proyectos geotérmicos

La energía geotérmica es una fuente renovable con ventajas importantes frente a los combustibles fósiles, especialmente por su bajo nivel de emisiones de gases de efecto invernadero y su disponibilidad continua. No obstante, la implementación de proyectos geotérmicos a escala comercial requiere un análisis ambiental exhaustivo. La evaluación del impacto ambiental (EIA) se convierte en una herramienta crítica para identificar, predecir y valorar los efectos adversos que podrían derivarse del desarrollo geotérmico sobre el medio ambiente. Esta evaluación se realiza antes de la ejecución del proyecto, lo que permite tomar decisiones informadas que aseguren la sostenibilidad del recurso y la protección de los ecosistemas.

La EIA en los proyectos geotérmicos se basa en el análisis integral del sistema geotérmico, desde la perforación de pozos hasta la reinyección de fluidos. Una característica distintiva de este tipo de análisis es la necesidad de integrar los factores geológicos, hidrogeológicos y geoquímicos, considerando además los componentes bióticos y sociales. La magnitud del impacto dependerá de variables como la entalpía del recurso, el tipo de tecnología utilizada (*flash*, binario, ciclo combinado), la ubicación del yacimiento y su proximidad a zonas sensibles. La siguiente tabla resume los principales impactos ambientales asociados a las etapas del ciclo geotérmico.

Etapa del proyecto	Impacto potencial	Categoría ambiental
Exploración geológica	Alteración del paisaje, ruido	Físico
Perforación de pozos	Emisión de gases, contaminación de acuíferos	Físico/químico
Construcción de planta	Pérdida de hábitat, uso de suelo	Biótico
Operación	Emisión de H_2S, residuos sólidos/líquidos	Químico/biótico
Reinyección y cierre	Inducción sísmica, migración de contaminantes	Geomecánico

Tabla 43. Impacto potencial ambiental de la energía geotérmica.

Nota clave: la emisión de gases como el sulfuro de hidrógeno (H_2S), aunque limitada, puede generar problemas de salud pública si no se controla adecuadamente. La percepción de olor a huevo podrido aparece a concentraciones de solo 0,00047 ppm.

La metodología más utilizada para la EIA en geotermia sigue los lineamientos de la International Association for Impact Assessment (IAIA), combinando matrices de Leopold modificadas, análisis multicriterio y modelado ambiental. La matriz de Leopold permite identificar y jerarquizar las interacciones entre las actividades del proyecto y los factores del entorno. Por ejemplo, la perforación puede generar interferencia con acuíferos si no se cementan correctamente los pozos, lo que provocará contaminación cruzada entre las capas hídricas. Este riesgo se incrementa en los sistemas volcánicos activos, donde la estratigrafía es compleja y discontinua.

Ejemplo: en el campo geotérmico de Cerro Prieto (México), uno de los más grandes del mundo, se ha observado un hundimiento del terreno de hasta 2 m, debido a la extracción prolongada sin reinyección balanceada, lo que evidencia la necesidad de análisis geomecánicos en la EIA.

6.1.1. Evaluación de la sensibilidad ecológica y sociocultural del entorno

Además de los aspectos físico-químicos, los proyectos geotérmicos pueden incidir en ecosistemas y comunidades humanas. En las zonas con alto valor ecológico, como los humedales, las reservas de la biosfera o las áreas con especies endémicas, incluso una alteración mínima en la temperatura del subsuelo o en la calidad del agua puede generar efectos desproporcionados. Por ello, es necesario incluir un análisis de sensibilidad ecológica, utilizando índices de biodiversidad y servicios ecosistémicos para determinar la vulnerabilidad del sitio.

El análisis multicriterio ponderado (AMP) permite integrar factores ecológicos y socioculturales para priorizar áreas de intervención o exclusión. Este análisis considera indicadores como la densidad de especies, la presencia de comunidades indígenas, la calidad del paisaje y la accesibilidad. Cada indicador recibe un valor ponderado según su importancia relativa en la zona de estudio.

> **Nota clave:** el respeto por territorios ancestrales y cosmovisiones locales no es solo un aspecto ético, sino un componente fundamental para la viabilidad social del proyecto. En países como Nueva Zelanda los pueblos maoríes han influido en el rediseño de proyectos geotérmicos para evitar sitios considerados sagrados.

En el caso de las regiones con actividad turística o termal, el impacto visual y el uso del recurso geotérmico con fines recreativos también deben valorarse. Las emisiones visibles de vapor, las torres de enfriamiento y la infraestructura superficial pueden alterar la percepción del paisaje y afectar a actividades económicas vinculadas al ecoturismo. Asimismo, los recursos termales de baja entalpía utilizados en balnearios pueden verse comprometidos si se produce una disminución en la temperatura del acuífero, lo que afectará tanto el ecosistema como a la actividad económica local.

La inclusión de indicadores socioculturales dentro de la EIA fortalece el enfoque holístico del análisis ambiental. Además, la implementación de mecanismos de consulta pública y participación ciudadana permite recoger percepciones, objeciones y sugerencias que enriquecen el diseño final del proyecto. Esta participación debe ser temprana, informada y continua, evitando que se convierta en un mero trámite posterior a las decisiones técnicas ya tomadas.

Finalmente, cabe destacar que las evaluaciones de impacto ambiental no deben concebirse como documentos estáticos, sino como instrumentos dinámicos que se retroalimentan durante todo el ciclo de vida del proyecto. Las condiciones geotécnicas, hidrogeológicas y sociales cambian con el tiempo, y con ellas los riesgos asociados. Por tanto, los estudios de impacto deben actualizarse regularmente mediante monitoreo ambiental continuo, utilizando sensores remotos, estaciones meteorológicas automatizadas y técnicas de aprendizaje automático para la detección temprana de anomalías.

> **Nota clave:** el monitoreo adaptativo basado en la inteligencia artificial ya se aplica en Islandia para prever emisiones anómalas de gases en campos geotérmicos, lo que permite respuestas rápidas que evitan afectaciones mayores a la salud pública.

6.2. Sostenibilidad a largo plazo

El concepto de sostenibilidad en la energía geotérmica implica el mantenimiento de la productividad del recurso térmico a lo largo del tiempo sin comprometer los servicios ecosistémicos, la integridad ambiental ni el bienestar de las comunidades aledañas. A diferencia de otras fuentes renovables, la geotermia depende de reservorios con condiciones geológicas específicas, cuya explotación desequilibrada puede conducir al agotamiento térmico, la subsidencia y la pérdida de presión, reduciendo así la vida útil del sistema. Por tanto, la gestión sostenible exige estrategias integradas que conjuguen la eficiencia energética, el monitoreo continuo, la reinyección equilibrada y la gobernanza ambiental efectiva.

Una planta geotérmica sostenible se caracteriza por operar empleando un modelo de extracción-reinyección balanceado en el que el volumen de fluido geotérmico extraído es compensado mediante la reintroducción de condensados o agua tratada en zonas selectas del reservorio. Este principio de equilibrio hidráulico no solo mantiene la presión del sistema, sino que minimiza el riesgo de deformaciones superficiales. Algunos estudios en el campo de Larderello (Italia) han mostrado que la pérdida acumulativa de presión supera el 30% cuando no se aplican reinyecciones adecuadas durante más de dos décadas de operación.

Parámetro	Unidad	Rango óptimo sugerido
Tasa de reinyección	% del volumen extraído	>90%
Gradiente térmico residual	°C/km	>30
Presión de reservorio	bar	10–80 (según litología)

Variación de subsidencia	cm/año	<2
Conductividad hidráulica	m²/s	$1x10^{-13} - 1x10^{-15}$

Tabla 44. Parámetros críticos para la sostenibilidad de los campos geotérmicos.

> **Nota clave:** la tasa de reinyección inferior al 70% ha sido correlacionada con la pérdida irreversible de entalpía del sistema en menos de 25 años.

6.2.1. Gestión adaptativa del recurso geotérmico

El enfoque adaptativo en la sostenibilidad geotérmica implica tomar decisiones operativas fundamentadas en la información recolectada en tiempo real, lo que permite responder con agilidad a los cambios en el comportamiento del reservorio. Para ello, se emplean redes de sensores integradas que miden la temperatura, la presión y el flujo en puntos críticos del sistema. Esta información alimenta los modelos geoestadísticos e hidrotermales, los cuales simulan distintos escenarios de explotación con el fin de anticipar los impactos a largo plazo, como la disminución de la entalpía o la subsidencia localizada. En este contexto, hay herramientas como TOUGH2 que han demostrado su eficacia al permitir el ajuste dinámico de los pozos operativos según los niveles de presión y temperatura observados, como se evidenció en Islandia, donde se logró estabilizar la producción sin agotar las zonas de alta productividad térmica. Este tipo de modelación permite evaluar de forma predictiva los riesgos operacionales y ambientales, integrando variables geológicas y térmicas en marcos de análisis multifactorial que orientan decisiones estratégicas para la gestión sostenible del campo.

> **Nota clave:** el uso de simulaciones hidrotermales reduce el margen de error en la predicción de agotamiento del recurso de ±20% a menos del 5% en horizontes de 15 años.

6.2.2. Buenas prácticas operativas y tecnológicas

La implementación de buenas prácticas en los sistemas geotérmicos sostenibles se fundamenta en la adopción de criterios técnicos verificables, orientados a preservar la eficiencia del sistema y minimizar el deterioro del reservorio. El uso de múltiples pozos con esquemas de rotación operativa permite distribuir homogéneamente la carga térmica, evitando la sobreexplotación localizada. Esta estrategia también favorece el mantenimiento de gradientes térmicos adecuados en las zonas críticas. Paralelamente, un programa estructurado de mantenimiento de infraestructura superficial y subterránea, enfocado en prevenir las incrustaciones minerales y la corrosión —especialmente en entornos con alta concentración de sílice, cloruros o sulfuros— garantiza la durabilidad de los componentes. La selección de los materiales debe basarse en los análisis geoquímicos del fluido, priorizando las aleaciones resistentes como los aceros inoxidables dúplex o los recubrimientos cerámicos. Por otra parte, la zonificación térmica del campo geotérmico permite definir las áreas con diferentes grados de madurez térmica y adaptar las estrategias de extracción en consecuencia, lo cual no solo optimiza el aprovechamiento energético, sino que evita el deterioro prematuro del recurso y facilita el diseño de los escenarios operacionales a largo plazo.

Ejemplo: En el campo de Nesjavellir (Islandia), la aplicación de técnicas de zonificación y rotación de pozos ha permitido mantener la temperatura media del fluido geotérmico por encima de 240 °C durante más de 30 años, evitando el colapso térmico observado en otros sitios con explotación no controlada.

6.2.3. Indicadores de sostenibilidad y criterios de evaluación

La sostenibilidad a largo plazo en proyectos geotérmicos requiere herramientas cuantitativas que permitan evaluar su desempeño técnico y social de forma integral. Para ello, se utilizan indicadores específicos que, además de ser medibles, deben ser comparables a lo largo del tiempo y entre diferentes instalaciones. Entre los más representativos se encuentran la eficiencia de conversión energética (expresada como kWh de electricidad por tonelada de fluido geotérmico procesado), el índice de declinación de presión del reservorio (indicador directo de agotamiento del recurso), las emisiones netas de gases por unidad de energía producida (especialmente CO_2eq) y el grado de aceptación social (evaluado mediante encuestas y mecanismos participativos). La periodicidad de la medición, así como la consistencia metodológica, son fundamentales para detectar tendencias, implementar mejoras y cumplir con los marcos regulatorios nacionales e internacionales. Estos indicadores, además, permiten identificar sinergias o compromisos entre eficiencia energética y sostenibilidad social, lo cual es clave para una evaluación holística del sistema.

Indicador	Unidad	Umbral aceptable
Eficiencia de conversión	%	>12 (ciclo *flash*), >8 (binario)
Declinación anual de presión	%	<1.5%
Emisiones netas de gases	g CO_2eq/kWh	<100
Índice de retorno energético (EROI)	adimensional	>10
Aceptación comunitaria	Índice cualitativo	≥75% de aprobación

Tabla 45. Indicadores clave de la sostenibilidad en geotermia.

Nota clave: un EROI inferior a 5 indica que la energía requerida para operar el sistema compromete su viabilidad energética a medio plazo.

6.2.4. Gobernanza ambiental y participación comunitaria

La sostenibilidad geotérmica no se limita a los parámetros técnico-ambientales, sino que se extiende a los factores sociales y de gobernanza, esenciales para asegurar la legitimidad y aceptación de los proyectos a largo plazo. La participación activa de las comunidades locales en la planificación, operación y monitoreo fortalece la corresponsabilidad y actúa como mecanismo de prevención frente a posibles tensiones o conflictos socioambientales. Este involucramiento debe ir más allá de la consulta, traduciéndose en esquemas participativos estructurados, con acceso a información técnica en lenguaje claro, mecanismos de diálogo permanente y decisiones compartidas. La implementación de programas de beneficios distribuidos —como reinversión en infraestructura local, capacitación técnica o acceso preferente a energía— incrementa la percepción de justicia distributiva. Paralelamente, la educación ambiental comunitaria, centrada en el conocimiento del recurso geotérmico y su valor estratégico, refuerza la apropiación social del proyecto. Para que estas medidas sean efectivas, la gestión corporativa debe comprometerse con altos estándares de transparencia operativa, divulgación de indicadores de desempeño y mecanismos de rendición de cuentas accesibles y verificables por terceros independientes.

Ejemplo: en Filipinas, el modelo de consulta comunitaria implementado por Energy Development Corporation ha sido clave para el éxito de sus campos geotérmicos. Ha generado acuerdos de uso de tierra, esquemas de compensación ambiental y proyectos de desarrollo local.

> **Nota clave:** la resistencia social a los proyectos geotérmicos suele estar asociada más a la percepción de exclusión que a los impactos reales del proyecto.

6.2.5. Perspectivas futuras: integración con economías circulares

Finalmente, los sistemas geotérmicos deben integrarse con modelos de economía circular y usos múltiples del recurso. El calor residual puede aprovecharse en los procesos industriales, la calefacción distrital, el secado agrícola o la acuicultura térmica. Asimismo, los minerales disueltos en los fluidos pueden ser recuperados como subproductos, como el litio, el boro o el sílice, mediante técnicas de extracción selectiva.

Ejemplo emergente: en Alemania, el proyecto LitGeo utiliza tecnología de intercambio iónico para recuperar litio de salmueras geotérmicas, aportando valor adicional y reduciendo la dependencia externa de este recurso estratégico.

> **Nota clave:** la valorización de los subproductos geotérmicos puede aumentar la rentabilidad del proyecto en más de un 30% sin incrementar la presión sobre el reservorio.

GLOSARIO

Acuífero geotérmico

Formación subterránea que contiene agua caliente utilizada como medio de transferencia de calor en los sistemas geotérmicos.

Astenosfera

Capa del manto superior, parcialmente fundida y dúctil, sobre la cual se desplazan las placas tectónicas. Es clave en la generación del gradiente térmico.

Baja entalpía

Clasificación de los recursos geotérmicos con temperaturas inferiores a 100 °C, utilizados principalmente para calefacción y usos directos.

Bomba de calor geotérmica

Sistema que transfiere calor desde o hacia el subsuelo para climatización, aprovechando la temperatura estable del terreno.

Capacidad calorífica

Cantidad de energía necesaria para elevar la temperatura de una unidad de masa de material en un grado kelvin. Es relevante en la acumulación de calor en las rocas.

Ciclo binario (ORC)

Tecnología de generación eléctrica que utiliza un fluido orgánico con bajo punto de ebullición. Es adecuado para recursos de baja y media temperatura.

Ciclo Kalina

Sistema termodinámico que emplea mezclas de amoniaco-agua como fluido de trabajo, lo que optimiza la conversión energética en sistemas de temperatura media.

Ciclo Rankine

Ciclo termodinámico clásico utilizado en plantas de vapor seco o *flash* para transformar calor en trabajo mecánico.

Conducción térmica

Mecanismo de transferencia de calor a través de materiales sólidos. Es dominante en regiones de baja permeabilidad geológica.

Convección geotérmica

Transferencia de calor mediante el movimiento de fluidos geotérmicos, como agua o vapor, dentro del subsuelo.

Conductividad térmica

Propiedad de las rocas que indica su capacidad para transmitir calor. Varía con la litología, la porosidad y la mineralogía.

Corteza terrestre

Capa externa de la Tierra donde se sitúan los reservorios geotérmicos accesibles. Su espesor y composición influyen en el gradiente térmico.

Despresurización *(flash)*

Proceso termodinámico en el cual un fluido geotérmico líquido genera vapor al reducirse abruptamente su presión.

Difusividad térmica

Medida de la velocidad con la que un material responde a los cambios de temperatura. Combina conductividad térmica, densidad y capacidad calorífica.

EGS *(Enhanced Geothermal Systems)*

Sistemas geotérmicos mejorados que estimulan artificialmente formaciones secas para permitir la extracción de calor mediante la inyección de fluidos.

Entalpía

Magnitud termodinámica que expresa el contenido energético de un fluido. Permite clasificar los recursos geotérmicos como de alta, media o baja calidad térmica.

Falla geológica

Fractura en la litosfera que puede facilitar la migración de los fluidos calientes hacia la superficie y la formación de reservorios geotérmicos.

Fluido geotérmico

Mezcla de agua, vapor y gases disueltos que actúa como medio portador del calor terrestre en los sistemas geotérmicos.

Gradiente geotérmico

Incremento de temperatura con la profundidad en la corteza terrestre. Su magnitud define la viabilidad energética de un sitio geotérmico.

Geotermómetro químico

Método indirecto para estimar la temperatura de los reservorios geotérmicos a partir de la concentración de ciertos iones en los fluidos (por ejemplo, sílice o Na-K).

Hidrotermal

Tipo de sistema geotérmico caracterizado por la presencia de agua líquida o vapor en los reservorios subterráneos. Es el tipo más comúnmente explotado a nivel comercial.

Incrustaciones

Depósitos minerales, como sílice o carbonatos, que se forman en las tuberías y los intercambiadores de calor, lo que reduce la eficiencia del sistema geotérmico.

Intercambiador de calor

Equipo que permite transferir energía térmica entre el fluido geotérmico y un fluido secundario sin que ambos entren en contacto. Es fundamental en las plantas de ciclo binario.

Isótopos radiactivos

Elementos como el uranio-238, el torio-232 y el potasio-40, cuya desintegración genera calor interno, fuente primaria de energía geotérmica.

Litología

Conjunto de características físicas y químicas de las rocas, como su porosidad, permeabilidad y conductividad térmica, que influye en la viabilidad de los sistemas geotérmicos.

Litosfera

Capa rígida de la Tierra que incluye la corteza y parte del manto superior. Su espesor y composición afectan a la transmisión del calor geotérmico.

Magmático

Tipo de sistema geotérmico que se encuentra en proximidad a cuerpos magmáticos. Se caracteriza por temperaturas extremas superiores a 500 °C y alta complejidad técnica.

Manto terrestre

Capa interna de la Tierra situada entre la corteza y el núcleo. Principal fuente del calor geotérmico mediante procesos de convección y desintegración radiactiva.

Modelo conceptual geotérmico

Representación simplificada que integra información geológica, hidrogeológica y térmica para describir el comportamiento de un sistema geotérmico.

Núcleo terrestre

Región más interna del planeta, compuesta por hierro y níquel. Aporta calor a través de mecanismos de diferenciación y fricción interna, aunque su influencia directa en la geotermia explotable es limitada.

Permeabilidad

Capacidad de una roca para permitir el paso de fluidos. Es un parámetro crítico en la circulación de fluidos geotérmicos dentro de los reservorios.

Pozos geotérmicos

Perforaciones profundas diseñadas para acceder a los reservorios geotérmicos y extraer fluidos calientes o vapor con fines energéticos.

Presión litostática

Presión ejercida por el peso de las capas de roca superpuestas. Influye en la temperatura y en el comportamiento de los fluidos en profundidad.

Q (flujo de calor)

Símbolo comúnmente utilizado en termodinámica para denotar la cantidad de calor transferido en un proceso. En geotermia, se refiere al calor extraído del subsuelo por unidad de tiempo.

Radiación térmica

Mecanismo de transferencia de calor mediante ondas electromagnéticas. Aunque es dominante en el espacio, su influencia en la corteza terrestre es mínima.

Recarga del reservorio

Proceso natural o inducido mediante el cual se reabastece el volumen de los fluidos geotérmicos en un reservorio. Resulta esencial para mantener su sostenibilidad.

Reinyección

Técnica operativa que consiste en devolver el fluido geotérmico enfriado al subsuelo, para preservar la presión del sistema y evitar el agotamiento térmico.

Reservorio geotérmico

Volumen subterráneo donde se acumula calor y fluido aprovechable energéticamente. Su productividad depende de la temperatura, la presión y la permeabilidad.

Sismicidad inducida

Actividad sísmica generada por alteraciones en el equilibrio de esfuerzos del subsuelo, producto de la inyección o extracción de fluidos en proyectos geotérmicos.

Sistema de ciclo abierto

Configuración de bomba de calor geotérmica que extrae directamente agua del subsuelo para intercambio térmico. Posteriormente la retorna.

Sistema de ciclo cerrado

Diseño de bomba de calor geotérmica donde el fluido de intercambio circula dentro de tuberías enterradas, sin contacto directo con el agua subterránea.

Sílice

Mineral común disuelto en los fluidos geotérmicos que, al precipitarse por cambios de temperatura o presión, forma incrustaciones que afectan a la eficiencia operativa.

Subsidencia

Descenso de la superficie terrestre debido a la extracción prolongada de fluidos del subsuelo, fenómeno asociado a una reinyección insuficiente.

Temperatura de reservorio

Valor térmico característico de un yacimiento geotérmico, que determina su clasificación (alta, media o baja entalpía) y la tecnología de aprovechamiento.

Transferencia de calor

Proceso mediante el cual la energía térmica se transmite desde el interior de la Tierra hacia la superficie, ya sea por conducción, convección o radiación.

Turbina geotérmica

Dispositivo mecánico que convierte la energía del vapor o del fluido orgánico expandido en trabajo rotacional para generar electricidad.

Uso directo del calor

Aplicación del calor geotérmico sin transformación eléctrica, como en la calefacción, los balnearios, los procesos industriales, la acuicultura o los invernaderos.

Vapor seco

Estado del vapor geotérmico que no contiene agua líquida. Es ideal para su uso directo en turbinas de plantas de ciclo de vapor seco.

Zona de descarga

Área en la que el fluido geotérmico emerge naturalmente (manantiales, géiseres) o se extrae mediante pozos para su uso energético.

REFERENCIAS

Geotermia - gradiente y flujo de calor | icgc. (n.d.-a). Recuperado el 19 de febrero de 2025 de https://www.icgc.cat/es/Ambitos-tematicos/Territori-sostenible/Potencial-solar-y-geotermico/Geotermia/Geotermia-Gradiente-y-flujo-de-calor

Geotermia - gradiente y flujo de calor | icgc. (n.d.-b). Recuperado el 12 de febrero de 2025 de https://www.icgc.cat/es/Ambitos-tematicos/Territori-sostenible/Potencial-solar-y-geotermico/Geotermia/Geotermia-Gradiente-y-flujo-de-calor

Geotérmica utilizada para el secado de cereales en GDC en Kenia | PiensaGeotermia - Noticias de energía geotérmica. (n.d.). Recuperado el 11 de febrero de 2025 de https://www.piensageotermia.com/geotermica-utilizada-para-el-secado-de-cereales-en-gdc-en-kenia/

Gutiérrez Negrín, L. C. A. y Quijano León, J. L. (2011). *Evaluación de la energía geotérmica en México* [Comisión Reguladora de la Energía]. https://gc.scalahed.com/recursos/files/r161r/w25421w/evaluaciondelaenergia.pdf

Marzolf, N. C. (2014). Emprendimiento de la energía geotérmica en Colombia. *Emprendimiento de la energía geotérmica en Colombia.* https://doi.org/10.18235/0012683

Revista ElectroIndustria - Kenia tiene su primer secador a vapor de cereales con energía geotérmica. (n.d.). Retrieved February 11, 2025, from https://www.emb.cl/electroindustria/noticia.mvc?nid=20200310p3&ni=

Robilliard-Chiozza, C. (2009). Generación de electricidad a partir de energía geotérmica. *Ingeniería Industrial,* 0(027), 185-205. https://doi.org/10.26439/ING.IND2009.N027.630

Román Martínez, P., & Camúmez Ruiz, J. A. (2020). *Las energías renovables y su contribución económica.* Universidad de Sevilla.

Rotich, I. K., Chepkirui, H., Musyimi, P. K. y Kipruto, G. (2024). Geothermal energy in Kenya: Evaluating health impacts and environmental challenges. *Energy for Sustainable Development, 82,* 101522. https://doi.org/10.1016/J.ESD.2024.101522

Yan, M., Livescu, S., Dindoruk, B. y Wisian, K. (2025). Overview of geothermal systems. *Geothermal Energy Engineering,* 1-22. https://doi.org/10.1016/B978-0-443-21662-6.00001-3